I0072977

Das Grundgesetz der Wellenfortpflanzung aus bewegter Quelle in bewegtem Mittel

Der Michelson-Versuch und die Raumzeitlehre von Einstein

von

KARL ULLER

Mit 21 Abbildungen

MÜNCHEN UND BERLIN 1935

VERLAG VON R. OLDENBOURG

Druck von R. Oldenbourg, München und Berlin.

Vorwort

Als eine der Früchte dreijahrzehntiger Durchforschung der Fortpflanzung in einem Mittel und längs der Grenze mehrerer Mittel entwickelt das vorliegende Buch an Hand vorgegebener Feldgleichungen in Strenge und doppelter Beweisführung das bisher unbekannte, allgemeine Grundgesetz der Phasenwanderung aus bewegter Quelle in bewegtem Mittel. Dabei kommt an den Tag, daß man bisher den Grundzug dieser Ausbreitung verkannt hat (siehe die Schlußworte in § 17), so daß die Schlüsse, die man aus diesbezüglichen Versuchen gezogen hat, teils hinfällig teils nur eingeschränkt zulässig sind.

Aus dem wahren Grundgesetz werden naheliegende, wellenkinematische und physikalische Folgerungen gezogen. Es verrät u. a., daß nur die Galilei-Welt in der Natur verwirklicht ist. Es führt zur Erklärung des Fresnel-Effektes der sogenannten Mitführung und des Bradley-Effektes der Aberration. Es liefert in der Anwendung die wahre Theorie und Bedeutung des Michelson-Versuches; derselbe kann bei ruhender Quelle gar nicht die gesuchte Äthertrift $\mathfrak{u}$ liefern, sondern nur das Produkt $f \cdot \mathfrak{u}$, worin f der Fresnel-Faktor des reinen Äthers. Schließlich liefert es als Nebenprodukt eine Reihe strenger Beweise für die mathematische Unmöglichkeit der Relativitätstheorie von Einstein aus dem Jahre 1905, die nur auf Grund einer falschen Theorie des Michelson-Versuches seiner Zeit das Licht der Welt hat erblicken können. Mit dieser, aber auch ohne diese, ist ferner auch die Elektrodynamik von Minkowski gefallen. Der Gegenbeweise sind viele. Sie alle haben aber eine gemeinsame Wurzel, nämlich die allgemeine Unkenntnis vom wahren Wesen der Welle. Was jedoch im vorliegenden Falle glücklicherweise kein Streitgegenstand ist, weil der Verfasser sich für das Geschehen an einer wandernden Wellenfront bei der einen Beweisführung nur der substantiellen Zeit-Differentiation zu bedienen brauchte, womit Raumzeit-Probleme nicht verbunden sind.

Inhalts-Übersicht

Tafel der durchlaufenden Bezeichnungen

t = Zeit; $\mathfrak{r}$, $\mathfrak{a}$, $\mathfrak{b}$ = Topographen.
$\varphi = f(\mathfrak{r}_0; t)$ = Quellenphase = Wellenphase.
$F(\varphi)$ = Quellungsform; ω_0 = Quellungsstärke.
ω = Wellenstärke; $\Phi(\mathfrak{r}; t)$ = Wellenflächenparameter.
$\mathfrak{n}$ = Normale eines Phasenflächenelementes $d\mathfrak{f}$.
$\mathfrak{w} = -\operatorname{grad}\varphi = \operatorname{grad}\Phi$ = Wellennormale.
R = Ausstrahlungs- oder Radiationsgebiet einer Wellenfläche.
$\hat{\mathfrak{c}}$ = Ausdehnungsgeschwindigkeit eines Wellenflächenelementes.
$\mathfrak{c}^R$ = Radiationsgeschwindigkeit einer Wellenfläche.
$\mathfrak{c}$ = Phasengeschwindigkeit; c_0 = Lichtgeschwindigkeit = $3 \cdot 10^{10}$ cm/sec.
$\mathfrak{u}$ = Geschwindigkeit des Mittels M gegen den Beobachter.
$\mathfrak{v}$ = Geschwindigkeit der Quelle Q gegen den Beobachter.
$\mathfrak{q}$ = Geschwindigkeit der Quelle Q gegen das Mittel.
$\mathfrak{d}$ = Drall oder Spinn der Quelle gegen den Beobachter.
f = Fresnel-Faktor; ϱ = Wellenenergiedichte.
$\mathfrak{R}$ = Radiation = Wellenstrahlung; α = Aberrationswinkel.
$\mathfrak{g}$ = Impuls eines Wellenschalenelementes.
$\mathfrak{G}$ = Impuls einer geschlossenen Wellenschale.
m = Impulsmasse einer geschlossenen Wellenschale.
$\nu = \dot{f}(\mathfrak{r}_0; t)$ = Quellenfrequenz und λ = Wellenlänge in dem Unterfalle, daß die Quellenerregung die harmonische ist.

Der Betrag eines Vektors $\mathfrak{v}$ ist durch $|\mathfrak{v}|$ oder v gekennzeichnet.

A. Das allgemeine Gesetz der Wellenausbreitung in gleichförmig bewegtem, homogenem und isotropem Mittel bei bewegter Quelle

1. Einleitung

Die Geschwindigkeit, mit der eine elektromagnetische Welle, wie z. B. die des Lichtes, in einem beliebigen homogenen und isotropen, ruhenden oder bewegten Mittel fortschreitet, ist für die Theoretische Physik von grundlegender Bedeutung. Denn die Erklärung der optischen und elektrodynamischen Erscheinungen in bewegten Körpern, insbesondere in Atomen, sowie eine Erforschung des Äthers ist ohne ihre Kenntnis unmöglich. Es brachte die historische Entwicklung mit sich, daß insbesondere der theoretische Wert der Frontgeschwindigkeit nicht aus einer allgemeinen Untersuchung wellenkinematischer Natur an angenommenen Feldgleichungen, kurz, aus einer strengen Feldanalyse hergeleitet wurde — was ohne Kenntnis vom Wesen der Welle möglich gewesen wäre —, sondern daß er hervorging aus drei Hypothesen, die anläßlich der Beurteilung eines scharfen Experimentes über die gesuchte Bewegung des Äthers gegen die Erde an Hand einer zurechtgelegten Theorie ein junger Theoretiker namens Einstein um die Wende des vergangenen Jahrhunderts konzipierte. Der berühmte Versuch nach Michelson, der keine Bewegung des Äthers gegen die Erdoberfläche erkennen ließ trotz zahlreichen und verfeinerten Wiederholungen unter verschiedenen Umständen, war nämlich restlos und auf universaler Grundlage zu deuten — wie Herr Einstein meinte —, wenn man annahm, 1. daß alle Naturvorgänge in gleichberechtigten Bezugsystemen sich genau gleichermaßen abspielten, und 2. daß dabei die gewöhnliche Elektromagnetik eine grundlegende Rolle spiele, die sich darin äußere, daß die Frontgeschwindigkeit der elektromagnetischen Welle unabhängig sei von dem Bewegungszustande ihrer Quelle; ist diese punktsymmetrisch, so seien die Wellenfrontflächen Kugeln mit für die Beobachter ruhenden Mittelpunkt, und schließlich 3. daß dabei die Frontgeschwindigkeit gleich derjenigen im leeren Raume sei, die einen oberen physikalischen Grenzwert darstelle. Auf Grund einer Ausdeutung eines hochempfindlichen Experimentes, das sich freilich nur auf Körper im praktisch reinen Äther in der Nähe der Erdoberfläche bezog, und an Hand der Grundhypothesen der Relativitätstheorie von Einstein wurde also die Ausbreitungsgeschwindigkeit einer elektromagnetischen Welle in einem beliebigen, ruhenden oder gleichförmig bewegten Körper postuliert. Indessen, die zugehörigen, bestätigen sollenden Experimente für die Materie stehen noch aus. Wenn die Theorie von Herrn Einstein vom Jahre 1905 Ausdruck der Wirklichkeit ist, dann sind diese Experimente auch gar nicht nötig. Denn mit der in ihr enthaltenen Transpositions-Kinematik von Raum und Zeit für verschiedene gleichberechtigte Bezugsysteme einerseits und den »allbewährten« elektromagnetischen Feldgleichungen von Maxwell-Lorentz für ruhende Mittel andererseits läßt sich ja dann — so sollte man meinen — die zutreffende Elektrodynamik für beliebige, gleichförmig bewegte Mittel folgerecht entwickeln. Die Ausführung dieses Gedankenganges ist das Werk von Minkowski (1907) gewesen.

Aus dem Wenn der Vorsicht wurde aber bald ein Da der Zuversicht, und die Theorie von Einstein sowohl wie die Elektrodynamik von Minkowski wurden »Sorgen von gestern«. Die Zuversicht stützte sich auf eine theoretische Untersuchung von Herrn Sommerfeld (1907 bis 1914), wonach auf Grund der genannten Elektronentheorie für ein im Äther ruhendes Bezugsystem die Frontgeschwindigkeit c im elektronenbesetzten Mittel »unter allen Umständen« genau gleich der im reinen Mittel, dem Vakuum, sei, die wir mit c_0 bezeichnen [40]. Dies Ergebnis, obgleich »etwas überraschend«, weil nach ihm die Wellenfront gänzlich unbehelligt von den beweglichen Elektronen vordringt, griff man bestärkt auf, und so siegte die Theorie von Einstein gegenüber der gezwungenen Erklärung, die Lorentz dem Michelson-Versuch geben mußte, bestechend durch ihre Universalität und ihre Fruchtbarkeit. Sie schlug fast alle bedeutenden Theoretiker in ihren Bann und erst recht den großen Kreis begeisterter Mitläufer. Man muß jedoch wahrheitsgemäß auch erwähnen, daß Lorentz und andere echte Physiker sie instinktiv und endgültig ablehnten. Freilich, eine ebenso behutsame wie geruhsame Forschung würde sich die Mühe nicht haben verdrießen lassen, auch die andere kontrollierende Handhabe zu benützen, indem sie in dieser grundstürzenden Angelegenheit nachprüfte, ob nun auch die Elektrodynamik von Minkowski wirklich die Ausbreitung in allen bewegten Mitteln mit der Geschwindigkeit c_0 liefere. Dann würde man — ganz zu schweigen von der Tatsache, daß es auch geführte Wellen gibt mit eigenen Geschwindigkeiten [12] [13] und Wellen, die durch den Zusammenbruch eines statischen oder stationären Feldes entstehen [23] — bei annahmen- und einwandfreier Analyse schon sogleich Fiasko erlitten haben und Tausende von relativistischen Abhandlungen und philosophischen Anpassungen wären ungeschrieben geblieben. Und der Michelson-Versuch, dieser Fels der Erfahrung, wie steht es mit ihm? Nun, dieser Fundamentalversuch ist auf Grund einer falschen Rechnung falsch ausgedeutet worden. Dies zu erweisen gehört mit zu dem Inhalt vorliegender Untersuchungen.

Mein Arbeitsfeld ist eine neue Wissenschaft, die ich Wellenkinematik benenne, als Gegenstück zu der allein bekannten Punkt- und Gelenkkinematik [17]. Sie ging aus der Grundfrage hervor: Stellt die Theoretische Physik von heute die Wesenszüge einer Welle in mathematischen Zeichen richtig dar? Zweifel daran, die mir schon im Hörsaal auftauchten, verdichteten und verschärften sich und nötigten mich zu sehr ausgedehnten Untersuchungen. Diese förderten denn auch unleugbare Widersprüche zutage und führten zu Beweisen, daß diese Grundfrage mit einem entschiedenen Nein zu beantworten ist. Auf meiner Suche nach weiteren Beweismitteln stieß ich auch auf die bekannten Lösungen der Aufgabe: aus vorgegebenen Feldgleichungen die Geschwindigkeit und insbesondere die Frontgeschwindigkeit ihrer Wellen zu berechnen. Diese Lösungen konnten mich nicht befriedigen, auch nicht ihre Beweisgänge, da sie sich mir mit unrechtfertigbaren Annahmen belastet zeigten. Eine solche unbefriedigende Lösung liegt z. B. vor bei der thermischen Ausbreitung in festen Körpern [19]. Danach soll nämlich ihre Ausbreitungsgeschwindigkeit unendlich groß und überall sofort Temperaturanstieg vorhanden sein, im Widerspruch zum Wesen der zugrunde liegenden Differentialgleichung $\dot{\Theta} - \tau \cdot \operatorname{div} \operatorname{grad} \Pi(\Theta) = 0$ [39] und zu aller Erfahrung, wonach die Front sogar kriecht. Der Fehler ist nicht etwa in einer ungenauen Kenntnis oder ungenauen Formulierung der Grundgesetze der Wärmeaufnahme und -fortleitung zu suchen — ganz unabhängig von ihrer physikalischen Bedeutung muß jede Welle, die Differentialgleichungen zu genügen hat, welche Ableitungen nach Raum und Zeit enthalten, sich mit endlicher Geschwindigkeit ausbreiten [37] —, sondern wie ich schon lange anschaulich erkannt hatte, in der grundsätzlich verkehrten mathematischen Inangriffnahme einer beliebigen Wellenaufgabe. Denn es gilt in negativer Prägung der beweisbare Grundsatz: Es ist weder anschaulich-physikalisch noch mathematisch möglich, eine Welle in Wellen zu zerlegen. Jede Welle ist eben als ein System wandernder Phasen ein Unteilbares; siehe später in § 8. Da diese quellenverbundene Phasenwanderung zu mathematischem Ausdruck gebracht werden muß, so muß dieser den Satz erfüllen: Die Wellennormalen der Wellenflächen sind Individuen und dürfen sich daher in einer

Überlagerung von Wellen nicht zu einer Wellennormalen addieren lassen [10, 17]. Aus vorgelegten Feldgleichungen gewinnt man zwar allemal für die ins Auge gefaßte Feldgröße eine partielle Differentialgleichung des Raumes und der Zeit, aber man darf sie nicht »Wellengleichung« nennen, wie es geschieht, da ihr nichts auf Wellen Bezügliches anzusehen ist, da sie in Wahrheit lediglich eine Feldbedingung darstellt, die einer beliebigen Überlagerung einer beliebigen Anzahl sich beliebig durchkreuzender Wellenindividuen beliebiger Erregungsform von beliebig verschiedenen aus den bestimmten Wellenarten einer Wellengattung aufgedrückt ist; man halte sich z. B. die Feldgleichungen der Elastik vor Augen [33, 38]. Wir können sie aber Wellenzustandsgleichung benennen, denn jedes lokalzeitlich veränderliche Störungsfeld ist nichts anderes als eine Welle oder eine Überlagerung von Wellen derselben Gattung, mögen sie kohärent oder inkohärent sein. Das übliche mathematische Wellenauflöseverfahren arbeitet nur mit dieser Gleichung, es ist deshalb wellenkinematisch unbestimmt. Es vermag zwar alle Bedingungen einer vorgelegten Feldaufgabe zu befriedigen, nicht aber zum Ausdruck zu bringen, daß es sich um die Darstellung einer Wellenaufgabe handelt; es behandelt diese wie statische oder stationäre Feldaufgaben. Wellen sind aber keine »Sinnestäuschungen«. Wer nur Feldgleichungen und Grenzbedingungen kennt, dem bleiben deshalb Wellenprobleme verschlossen, und zwar nachweislich. Auf die positive Prägung des Grundgesetzes der Wellenkinematik, die die genannte Willkür beseitigt, auf das Interferenzprinzip [10, 17, 37] brauche ich hier nicht einzugehen; hier genügt zu betonen: Jede angebliche Lösung, die nicht nach dem Interferenzprinzip die Wellenflächen und ihre Lagerung angebbar enthält, ist keine Lösung der Wellenaufgabe, wie sicher sie auch daher kommen mag.

Was nun die Ermittelung der Frontgeschwindigkeit durch Feldanalyse anbelangt, so gelang es mir, ein hinsichtlich der Ausbreitung annahmenfreies Verfahren ausfindig zu machen, das in aller mathematischen Strenge vorgeht und insbesondere nicht die Darstellung der Welle selbst benötigt. Das Verfahren beruht auf einigen von mir gefundenen vektoranalytischen Sätzen, die an bewegten Flächen gelten (siehe später § 3), und die auf die bekannte Beziehung

$$\frac{d\mathfrak{A}}{dt} = \frac{\partial \mathfrak{A}}{\partial t} + (c\,\nabla)\,\mathfrak{A}$$

zurückgehen, welche die Änderung einer Eigenschaft an einem bewegten

Dingpunkte in einem Felde bezüglich des Beobachters darzustellen gestattet, sei letzterer in Ruhe oder in Bewegung; diese Beziehung ist für die Physik unbelastet mit Raum- und Zeitproblemen. Mit ihnen ist es möglich, in manchen Fällen die Front- und Rückengeschwindigkeit aus vorgegebenen Feldgleichungen lediglich auf Grund der Tatsache zu ermitteln, daß eine Feldgröße wandert, mithin die Wellenfront bzw. ihr Rücken die erste bzw. letzte Wellenfläche ist, also ohne über die Welle und ihre mathematische Darstellung irgendeine offene oder versteckte Annahme hinsichtlich ihrer Ausbreitung machen zu müssen. Weiter wurde dann der für meine Zwecke genügende Fall der Wellenüberlagerung über ein statisches Feld in der Elektromagnetik behandelt, und zwar zunächst für ruhende Mittel. Legt man die Maxwellschen Feldgleichungen zugrunde, so stößt man mit dem neuen Verfahren auf die bekannte Formel

1) $$c = c_0 / \sqrt{\varepsilon \mu},$$

worin ε und μ den elektrischen bzw. den magnetischen Erregungsbeiwert bezeichnet. Legt man andererseits der Rechnung die Elektronentheorie der Materie nach Lorentz zugrunde, die nur ein einziges Mittel kennt, das immer ruht, nämlich den stetigen Äther, in welchem ungeheuer viele Elektronen schwingungsfähig eingebettet sind, so hat man das große Glück, auch dann zu einer feldunabhängigen Beziehung für c zu gelangen, und zwar zu genau derselben makroskopischen Formel 1) mit derselben statischen Bedeutung der ε und μ. Die Bewältigung dieser Aufgabe war erheblich schwieriger als die vorige, weil hier zwischen der Erregung und der erregenden Kraft keine konstante Beziehung besteht [20]. Das Ergebnis steht nun aber in unüberbrückbarem Gegensatz zu der obengenannten Untersuchung von Herrn Sommerfeld [40], wonach im elektronenbesetzten Äther $c = c_0$ sei. Der Fehler ist in dem Fundament zu suchen, das seine Rechnung trägt. Herr Sommerfeld, den nicht nur die Wellenfront, sondern auch die Zusammenhänge hinter der bewegten Front interessierten, hat dazu natürlich die Welle selbst darstellen müssen. Das ist aber etwas, das im allgemeinen und im strengen die Theoretische Physik bis vor kurzem prinzipiell noch nicht konnte, obgleich alle Theoretiker von heute das Gegenteil für selbstverständlich halten und von der Welle als einem Problem nichts wissen wollen. Herr Sommerfeld bedient sich also des landläufigen Verfahrens: das veränderliche Feld einer Störungsquelle willkürlich zu zerlegen, ganz so, als ob es sich um die Darstellung eines oder mehrerer stationären Felder handele, und zwar wählt er im vorliegenden Falle das Fourierprinzip, indem er das Feld aus lauter zeitlich harmonischen Partikularlösungen der Wellenzustandsgleichung, die als »Partikularwellen« mit zunächst unbestimmten »Amplituden« und »Phasen« ausgedeutet werden, so zusammensetzt, daß allen Bedingungen, die sich auf ihre Gesamtheit, nämlich das Feld, beziehen, an der bewegten Front Genüge geleistet wird. Wie könne dann anders als richtig die Lösung der Wellenaufgabe sein! Indessen, Welle ist mehr als ein veränderliches Feld. Aber auch schon etwas Vertrauen auf unser — zurzeit allerdings arg mißachtetes — Vorstellungsvermögen hätte genügt, an diesem »etwas überraschenden« rechnerischen Ergebnis irre zu werden. Das genannte, vermeintlich richtig angelegte reine Feldverfahren führt nämlich dazu, daß an der Front kein Heraustreten der Elektronen aus ihren Ruhelagen stattfinde — von der Wärmebewegung ist von vornherein ganz abgesehen —, obgleich ein zeitlicher Anstieg der die Elektronen antreibenden elektrischen Kraft vorhanden ist. Das ist aber unmöglich, wenn die geladenen Teilchen beweglich sind. Diese Unmöglichkeit kann zudem auch noch nach unserem annahmenfreien Verfahren streng analytisch bewiesen werden. Dann aber kann nach eben diesem Verfahren nicht $c = c_0$ sein. Und der beigebrachte Eindeutigkeitssatz? Dieser benutzt nur die Feld- und Grenzbedingungen. Er übersieht die einzelnen Willkürlichkeiten, die in jeder der unzähligen fiktiven und willkürlich gewählten »Partikularwellen« des Feldes enthalten sind, und die wahren Wellenflächen, von denen die bewegte Front die erste ist. Der wahre Eindeutigkeitsbeweis kann sich immer nur auf eine Welle und ihre etwaige Verästelung beziehen; er setzt die Kenntnis des Systems der Wellenflächen voraus. In ruhender Materie ist also die Frontgeschwindigkeit nicht die des leeren Raumes; in Wasser z. B. ist sie nur ein Neuntel davon. Beim Überwiegen der Koppelungskräfte zwischen den Elektronen gegenüber der Kraft, die das Elektron in seine wahre oder scheinbare Gleichgewichtslage zurückzuziehen trachtet, so daß $\varepsilon < 1$ ausfällt, können auch Überlichtgeschwindigkeiten auftreten. Damit fiel als ein Nebenprodukt der Untersuchungen des Verfassers, die auf Ziele gerichtet sind, die vor aller möglichen Physik liegen, das sichere Urteil ab, daß das dritte Postulat ($c = c_0$ allgemein) der Theorie von Einstein aus dem Jahre 1905 verworfen werden muß, indem es schon bei Ruhe der Quelle und des Mittels in der ponderablen Materie nicht erfüllt ist.

Dieser zur Zeit immerhin wichtige Schluß ließ es mir rätlich erscheinen, die entsprechende Beziehung an der Wellenfront in einem bewegten Mittel aufzusuchen; hier sind die Verhältnisse überhaupt noch nicht zu erforschen gesucht. Pfropft man auf die Elektronentheorie der Materie die Hypothesen von Einstein, so gelangt man zu der makroskopischen Elektrodynamik von Minkowski, der heute herrschenden. In ihr ist eine feste Beziehung zwischen elektrischer Erregung und erregender Kraft eingeführt wie bei Maxwell. Dieser Unterschied gegenüber der Elektronentheorie ist indessen für die Wellenfront ohne Belang, da vom Verfasser nachgewiesen werden konnte, daß auch nach der Lorentz-Theorie an der Front tatsächlich und streng Erregung und erregende Kraft in einem festen Verhältnis stehen [20]. Trotzdem leidet sie an einer inneren Zwiespältigkeit, die früher nicht hervorgetreten ist, weil man glaubte, daß die Elektronentheorie $c = c_0$ verlange. Es soll nämlich bei ihrer Erweiterung gemäß dem Postulate von Einstein auch bei Bewegung $c = c_0$ sein, während schon bei Ruhe dies in Wahrheit nicht der Fall ist und bei Bewegung die aus zwei charakteristischen Geschwindigkeiten in bestimmter Weise zusammengesetzte in § 2 angeführte Formel 8) mit den Werten 6) herauskommt, wobei $c \neq c_0$ ist. Wenn auch diese Elektrodynamik sich nun nicht mehr auf die Hypothesen von Einstein stützen kann, da die dritte sich als brüchig erweist und infolgedessen ebenfalls zu verwerfen ist, so drängte es mich doch dahinterzukommen, ob und wie diese Feldtheorie für bewegte Mittel eine partielle Mitführung der Wellenfrontfläche liefere, sowie welche Gestalt und Größe diese bei punktsymmetrischer Quelle haben möge; nunmehr natürlich ganz abgesehen von der Herkunft dieser Feldtheorie, also von ihrer ursprünglichen Bedeutung und von ihrer Beschränkung der Mittelgeschwindigkeit. Die Analyse wurde durchgeführt diesmal für den Fall, daß die Wellenfront durch ein bewegtes, feldfreies Mittel hindurchläuft. Die strenge und vollständige Durchrechnung förderte grotesk anmutende Beziehungen zutage, so daß man sich die Frage vorlegen mußte: eignen diese nur der mit den oben festgestellten inneren Gebrechen behafteten Theorie von Einstein-Minkowski oder liegen solche Ungereimtheiten auch in ungekünstelten Theorien verborgen? Solche Eigenheiten sind den bloßen Feldgleichungen nicht im geringsten anzumerken, eben weil es sich um solche der Welle handelt, bezeichnend also wiederum, daß man — allgemein gesprochen — aus Feldgleichungen erst die Gleichungen für die Welle herausschälen muß, ehe man genaues über die Wanderung der Wellenphasen aussagen kann. Es wurde so notwendig, die vorangegangenen Elektrodynamiken, die aus verschiedenen, mehr oder weniger berechtigten Gründen abgetan worden waren, aus dem Theorienfriedhof wieder auszugraben und nach unserem Verfahren zu analysieren. Diese und die vorangegangenen Mühen, so unzeitgemäß und zeitraubend sie auch waren, sollten sich in ganz unerwarteter Weise lohnen. Es zeigte sich, daß fast alle bekannten Elektrodynamiken wunderliche und unannehmbare Welleneigenheiten in sich bergen. Weiter aber fiel mir durch Abstraktion als sehr wertvolle Frucht in den Schoß: ein allgemeines, bei jeder Wellenüberlagerung über ein störungsfreies Feld gültiges Ausbreitungsgesetz, das unabhängig ist von jeder physikalischen Theorie, ein Gesetz, dessen Form wir später (in § 8) auf einem ganz anderen, unphysikalischen Wege wieder finden werden. Wir berichten hier zunächst die Ergebnisse für die elektrodynamischen Theorien von Hertz, Cohn, Lorentz, Abraham und Minkowski. Die Beweisführungen sind in mehreren Abhandlungen anderenorts zu finden [21, 22]; sie würden hier allesamt zuviel Platz beanspruchen. Von ihnen übernehmen wir daher weiter unten nur die für die Elektronentheorie sowie für die Theorie von Minkowski.

2. Bericht über die elektromagnetische Ausbreitung in bewegten Mitteln nach verschiedenen Theorien

Mit unserem strengen und einwandfreien, sowie hinsichtlich der Ausbreitung annahmenfreien Verfahren, siehe § 3, stößt man für die Normalkomponente der Frontgeschwindigkeit $\mathfrak{c}$ einer elektromagnetischen Welle, die durch ein störungsfreies Feld in einem Nichtleiter hindurchläuft, auf eine Formel, deren Bau in allen Theorien der gleiche ist. Die Entschleierung der verwickelt anmutenden Gipfelgleichung für $\mathfrak{c}_n$ gelingt an Hand der entsprechenden, aber einfachen Formel in der Theorie von Hertz, der einfachsten unter ihnen. Da zeigt sich, daß unser Verfahren die Existenz von zwei Geschwindigkeiten aufdeckt: einmal die Radiationsgeschwindigkeit $\mathfrak{c}^R$, d. i. die Geschwindigkeit eines Gebietes R, von welchem die augenblickliche Wellenfront ausgelaufen zu sein scheint, und zweitens die Relativgeschwindigkeit $\hat{\mathfrak{c}}$ eines Frontelementes mit der Normale $\mathfrak{n}$ in bezug auf jenes Radiationsgebiet, natürlich gemessen mit den Raum- und Zeitmaßstäben unseres Bezugsystems. Also schon unmittelbar an der Front gibt es das, was man »partielle Mitführung der Welle seitens des Mittels« nennt, was wir im folgenden als Fresnel-Effekt bezeichnen. Von dem wandernden, die Wellenfront mit sich führenden Ausstrahlungsgebiet R ist wohl zu unterscheiden das ehemalige Quellgebiet Q_0, in welchem zu einem früheren

Zeitpunkt die Wellenfront als erste Wellenfläche erzeugt worden ist. Existiert die Wellenquelle nicht nur einen Augenblick, so zeigt jedes spätere augenblickliche Totalbild eine stetige Reihe von zueinander azentrischen Wellenflächen F, Radiationsorten R und Quellorten Q_0 (siehe Abb. 17 [S. 71], für 5 Wellenflächen gezeichnet). Davon zu unterscheiden ist die Lage ein und derselben Wellenfläche zu verschiedenen Zeiten (siehe Abb. 1). Im einzelnen liefert

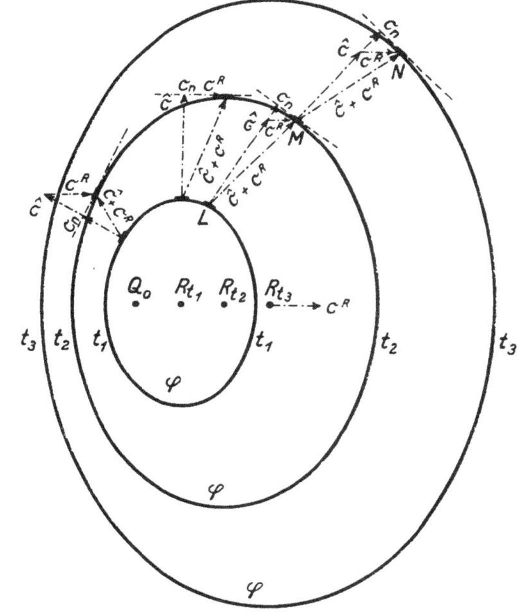

Abb. 1. Drei zeitlich aufeinanderfolgende Lagen einer Wellenfläche F für einen Beobachter, zu dem der Quellort oder das Mittel ruht

2) die Theorie von Hertz [22]:

als Relativgeschwindigkeit $\hat{c} = c_0 / \sqrt{\varepsilon \mu} \cdot \mathfrak{n}$,

als Radiationsgeschwindigkeit $\mathfrak{c}^R = \mathfrak{u}$;

3) die Theorie von Cohn [22]:

als Relativgeschwindigkeit

$$\hat{c} = \sqrt{1 + \frac{\varepsilon \mu \left(\frac{\varepsilon_0 \mu_0}{\varepsilon \mu}\right)^2 \frac{(\mathfrak{u}\,\mathfrak{n})^2}{c_0^2}}{1 - \varepsilon \mu \left(\frac{\varepsilon_0 \mu_0}{\varepsilon \mu}\right)^2 \frac{\mathfrak{u}^2}{c_0^2}}} \cdot \frac{1}{\sqrt{1 - \varepsilon \mu \left(\frac{\varepsilon_0 \mu_0}{\varepsilon \mu}\right)^2 \frac{\mathfrak{u}^2}{c_0^2}}} \cdot \frac{c_0}{\sqrt{\varepsilon \mu}} \cdot \mathfrak{n},$$

als Radiationsgeschwindigkeit $\mathfrak{c}^R = f \cdot \mathfrak{u}$ mit

$$f = \frac{\left(1 - \frac{\varepsilon_0 \mu_0}{\varepsilon \mu}\right) - \varepsilon \mu \left(\frac{\varepsilon_0 \mu_0}{\varepsilon \mu}\right)^2 \frac{\mathfrak{u}^2}{c_0^2}}{1 - \varepsilon \mu \left(\frac{\varepsilon_0 \mu_0}{\varepsilon \mu}\right)^2 \frac{\mathfrak{u}^2}{c_0^2}};$$

$\varepsilon_0 \mu_0$ die Parameter des reinen Äthers.

4) die Theorie von Lorentz [22]:

als Relativgeschwindigkeit

$$\hat{c} = \sqrt{1 - f \cdot \frac{(\mathfrak{u}\,\mathfrak{n})^2}{c_0^2}} \cdot \frac{c_0}{\sqrt{\varepsilon \mu}} \cdot \mathfrak{n}$$

als Radiationsgeschwindigkeit

$$\mathfrak{c}^R = f \cdot \mathfrak{u} \text{ mit } f = \frac{\varepsilon - 1}{\varepsilon};$$

5) die Theorie von Abraham [22]:

für den Fall a), daß an der Front die elektrische Erregung $\mathfrak{D}_e$ normal zur Mittelgeschwindigkeit $\mathfrak{u}$ ansteigt, $(\dot{\mathfrak{D}}_e\, \mathfrak{u}) = 0$,

als Relativgeschwindigkeit

$$\hat{\mathfrak{c}} = \frac{c_0}{|\varrho|\sqrt{\varepsilon\mu}} \cdot \mathfrak{n} \times$$

$$\sqrt{\left\{1 - \frac{\varepsilon - 1}{\varepsilon}\frac{\mathfrak{u}^2}{c_0^2}\right\}\left\{1 - \frac{\mu - 1}{\mu}\frac{\mathfrak{u}^2}{c_0^2}\right\} + \frac{1}{\mu}\left|\frac{\varepsilon - 1}{\varepsilon}\right| \cdot \left|1 - \frac{\mu - 1}{\mu}\frac{\mathfrak{u}^2}{c_0^2}\right| \cdot \mathfrak{u}_t^2},$$

und für den Fall b), daß an der Front die magnetische Erregung $\mathfrak{D}_m$ normal zur Mittelgeschwindigkeit $\mathfrak{u}$ ansteigt, $(\dot{\mathfrak{D}}_m\, \mathfrak{u}) = 0$,

als Relativgeschwindigkeit

$$\hat{\mathfrak{c}} = \frac{c_0}{|\varrho|\sqrt{\varepsilon\mu}} \cdot \mathfrak{n} \times$$

$$\sqrt{\left\{1 - \frac{\varepsilon - 1}{\varepsilon}\frac{\mathfrak{u}^2}{c_0^2}\right\}\left\{1 - \frac{\mu - 1}{\mu}\frac{\mathfrak{u}^2}{c_0^2}\right\} + \frac{1}{\varepsilon}\left|\frac{\mu - 1}{\mu}\right| \cdot \left|1 - \frac{\varepsilon - 1}{\varepsilon}\frac{\mathfrak{u}^2}{c_0^2}\right| \cdot \mathfrak{u}_t^2};$$

beiden Fällen gemeinsam ist die Radiationsgeschwindigkeit

$$\mathfrak{c}^R = f \cdot \mathfrak{u} \text{ mit } f = 1 - \frac{1}{\varrho \cdot \varepsilon\mu}; \quad \varrho = 1 - \frac{(\varepsilon - 1)(\mu - 1)}{\varepsilon\mu}\frac{\mathfrak{u}^2}{c_0^2};$$

und schließlich

6) die Theorie von Minkowski [21]:

als Relativgeschwindigkeit

$$\hat{\mathfrak{c}} = \sqrt{1 - f \cdot \frac{(\mathfrak{u}\,\mathfrak{n})^2}{c_0^2}} \cdot \sqrt{1 - f \cdot \frac{\mathfrak{u}^2}{c_0^2}} \cdot \frac{c_0}{\sqrt{\varepsilon\mu}} \cdot \mathfrak{n},$$

als Radiationsgeschwindigkeit

$$\mathfrak{c}^R = f \cdot \mathfrak{u} \text{ mit } f = \frac{\varepsilon\mu - 1}{\varepsilon\mu - \mathfrak{u}^2/c_0^2}.$$

In den Abb. 2 bis 5 für die Geschwindigkeitsrose von $\hat{\mathfrak{c}}$ und in den Kurvenblättern 6 bis 8 für f als Funktion der Mittelgeschwindigkeit $\mathfrak{u}$ findet man vorstehende Formeln veranschaulicht. Die Kurvenlücken in f sind bedingt durch die Reellität von $\hat{c}$. Kurven für negative ε, μ sind nicht gezeichnet. Der Faktor f in $\mathfrak{c}^R$ ist, wie man sieht, in allen

Theorien unabhängig von $\mathfrak{u}_t^2$ und $(\mathfrak{u}\,\mathfrak{n})^2$, hat also für alle Frontelemente $\mathfrak{n}$ den gleichen Wert. Dies beweist, daß sich die ganze Wellenfront mit der gleichen Geschwindigkeit verschiebt. Daraus folgt notwendig die angeführte Bedeutung von $\mathfrak{c}^R$ und $\hat{\mathfrak{c}}$. Wir nennen f den Fresnel-Faktor zu Ehren Fresnels, ohne uns indessen die Vorstellungen jenes Forschers auf dem Gebiete der Ätherphysik zu eigen zu machen; bemerkenswert ist, daß er nicht mit $\mathfrak{u}$ verschwindet und daß er den Wert 1 nicht übersteigt.

Die Relativ- oder Ausdehnungsgeschwindigkeit $\hat{\mathfrak{c}}$ eines Frontelementes $\mathfrak{n}$ hat die Richtung von $\mathfrak{n}$ und enthält stets den Faktor $c_0/\sqrt{\varepsilon\mu}$, der in der Theorie von Hertz allein maßgebend ist. Die elektrischen und magnetischen Erregungsbeiwerte ε und μ — noch offen ob auch in bewegten Mitteln die rein statischen Werte — müssen also stets positiv sein. Anders wie im allgemeinen im Innern einer Welle sind also an der Front Erregung und erregende Kraft stets gleichgerichtet. Ferner müssen wir grundsätzlich damit rechnen, daß es Mittel gibt, in denen die statische Erregung kleiner ausfällt als im Vakuum. Dann überwiegen die Koppelungskräfte unter den Elektronen bzw. Magnetonen gegenüber der quasi-elastischen Kraft, so daß Überlichtgeschwindigkeiten auftreten können. Statische Werte von μ, die kleiner als eins sind, sind bekannt, ebenso dynamische Werte von ε, die kleiner als eins sind; Werte $\varepsilon < 1$ sind also ebenfalls zu erwarten. Jeder Versuch zu einer Elektrodynamik muß mithin so beschaffen sein, daß er über die nach ihm möglichen Vorgänge in Mitteln mit irgendwelchen positiven quasi-statischen Werten von ε und μ plausible Aussagen macht. Wir müssen daher im folgenden die Erörterungen auch auf ε und μ kleiner als 1 ausdehnen. — Weiter ergibt sich die Formel für den Betrag von $\hat{\mathfrak{c}}$ allemal als eine Quadratwurzel oder als ein Produkt von Quadratwurzeln aus Ausdrücken, die stets positiv reell sein müssen. Das jedoch führt jedesmal, wenn die Glieder der Radikanden nicht alle positiv sind und die Geschwindigkeit des Mittels enthalten, auf Grenzgeschwindigkeiten für das Mittel, die man den Feldgleichungen ganz und gar nicht ansehen kann. Dieser Formelbau für die Ausdehnungsgeschwindigkeit $\hat{\mathfrak{c}}$ birgt also in sich ein ebenso merkwürdiges wie wichtiges, neues Kriterium für elektrodynamische Feldgleichungen. Wenden wir es auf die vorliegenden Theorien an, so ergibt sich zu unserer ersten großen Überraschung, daß sogar die Theorien, die mit universellen Raum- und Zeitmaßstäben arbeiten und sich hin-

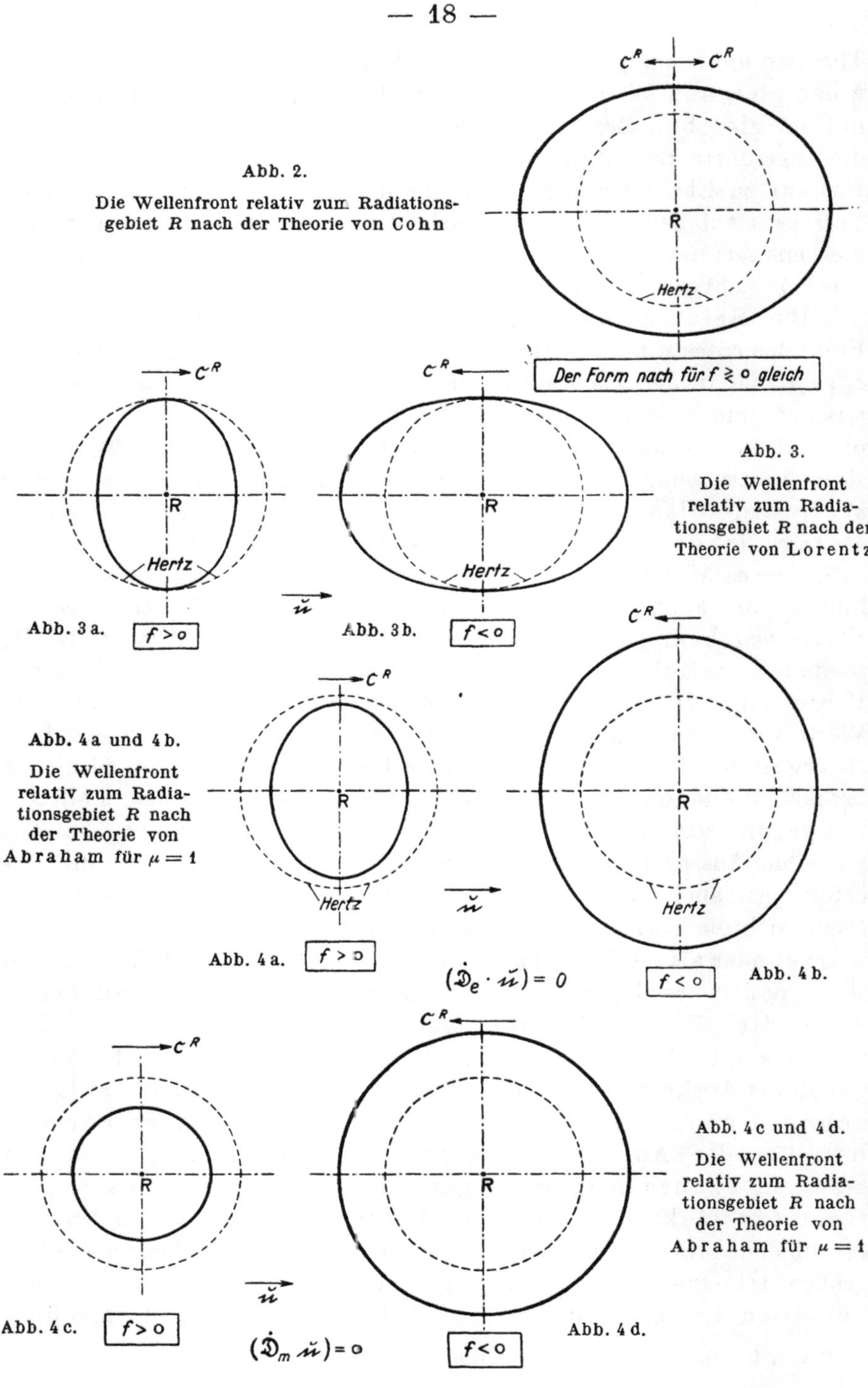

Abb. 2.

Die Wellenfront relativ zum Radiationsgebiet R nach der Theorie von Cohn

Abb. 3.

Die Wellenfront relativ zum Radiationsgebiet R nach der Theorie von Lorentz

Abb. 3a.

Abb. 3b.

Abb. 4a und 4b.

Die Wellenfront relativ zum Radiationsgebiet R nach der Theorie von Abraham für $\mu = 1$

Abb. 4a.

Abb. 4b.

Abb. 4c und 4d.

Die Wellenfront relativ zum Radiationsgebiet R nach der Theorie von Abraham für $\mu = 1$

Abb. 4c.

Abb. 4d.

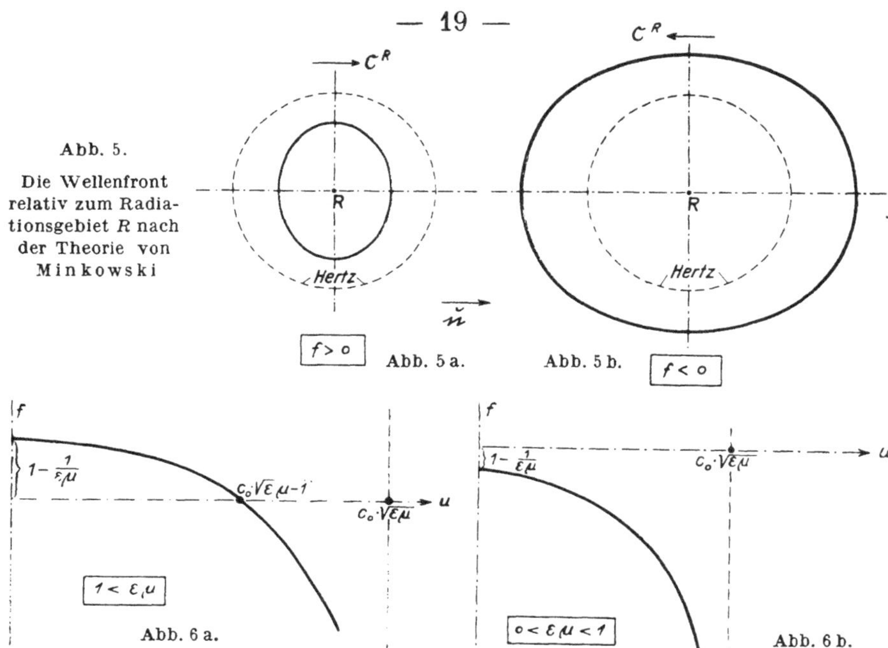

Abb. 5. Die Wellenfront relativ zum Radiationsgebiet R nach der Theorie von Minkowski

Abb. 6. Der Fresnel-Faktor f in der Radiationsgeschwindigkeit $\mathfrak{c}^R = f \cdot \mathfrak{u}$ als Funktion der Geschwindigkeit $\mathfrak{u}$ des Mittels nach der Theorie von Cohn; in der Theorie von Hertz ist $f = 1$

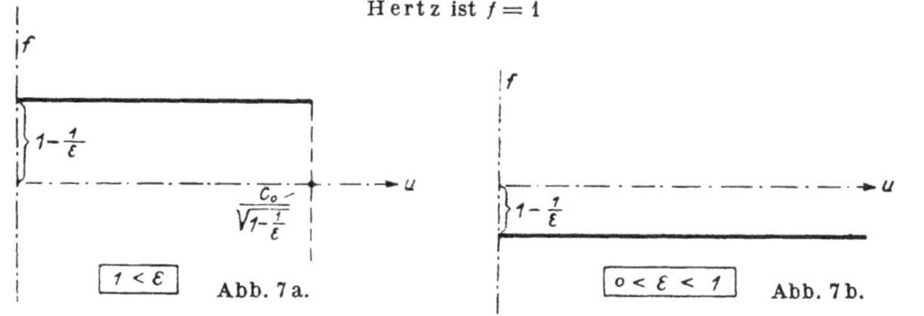

Abb. 7. Der Fresnel-Faktor f in der Radiationsgeschwindigkeit $\mathfrak{c}^R = f \cdot \mathfrak{u}$ als Funktion der Geschwindigkeit $\mathfrak{u}$ des Mittels nach den Theorien von Lorentz und Abraham ($\mu = 1$)

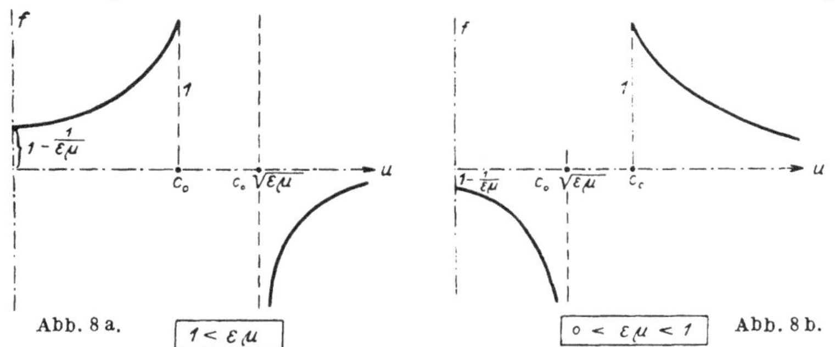

Abb. 8. Der Fresnel-Faktor f in der Radiationsgeschwindigkeit $\mathfrak{c}^R = f \cdot \mathfrak{u}$ als Funktion der Geschwindigkeit $\mathfrak{u}$ des Mittels nach der Theorie von Minkowski

sichtlich Geschwindigkeiten keine Beschränkung in den Grundvorstellungen auferlegen, dennoch versteckt Grenzgeschwindigkeiten für die Mittel aufgerichtet haben! Mit Ausnahme der Theorie von Hertz, wo dies ja von vornherein ausgeschlossen ist. Die Theorie von Cohn (Gl. 3)) zeigt die obere Grenzgeschwindigkeit $c_0 \cdot \sqrt{\varepsilon \mu}$; die Theorie von Lorentz $c_0 \cdot \sqrt{1:(1-1/\varepsilon)}$, falls $\varepsilon > 1$ und keine, falls $\varepsilon < 1$ ist (Gl. 4)); die Theorie von Abraham hat das gleiche (Gl. 5)); nur daß infolge einer zweiten Bedingung diese Grenzgeschwindigkeit unter anderen Umständen auch eine untere sein kann. Und die Theorie von Minkowski (Gl. 6) schließlich hat nicht nur die universelle Grenzgeschwindigkeit c_0, sondern auch die nicht universelle $c_0 \cdot \sqrt{\varepsilon \mu}$, zwischen denen ein unmögliches Gebiet der Mittelgeschwindigkeiten $\mathfrak{u}$ liegt. Fast alle diese Grenzgeschwindigkeiten sind, wie man sieht, nicht universell und können auch Überlichtgeschwindigkeiten sein; für sie ist die Ausdehnungsgeschwindigkeit $\hat{\mathfrak{c}}$: bei Minkowski $= 0$, bei Cohn $= \infty$, bei Lorentz und Abraham nicht durchweg $= 0$; die zugehörigen Radiationsgeschwindigkeiten $\mathfrak{c}^R$ sind: bei Minkowski $= c_0$ bzw. $- \infty$, bei Cohn $= - \infty$, bei Lorentz und Abraham $= c_0 \cdot \sqrt{1 - 1/\varepsilon}$. Da hinsichtlich $\mathfrak{u}/c_0$ lineare Glieder in den Wurzeln für $\hat{c}$ nicht auftreten, sondern höhere Potenzen, sind diese Grenzgeschwindigkeiten bei sinusförmiger Dauererregung in der Quelle nicht sichtbar in den angenäherten Ausdrücken für die Phasengeschwindigkeit in der Welle.

Wie haben wir uns nun zu diesen unerwarteten Wunderlichkeiten zu stellen? Mit einem schlankweg ablehnenden Urteil wird man der heutigen Sachlage nicht gerecht. Wenn wir auch glauben, daß Raum und Zeit keine Grenzen haben und dieser Vorstellung mathematischen Ausdruck verleihen, so folgt daraus logisch keineswegs, daß auch die Geschwindigkeit eines isolierten Dingpunktes oder eine Phasenfläche notwendig keine Grenze haben dürfe. In der Natur sind sehr wohl Grenzgeschwindigkeiten von Phasen oder Materien möglich, etwa infolge von Trägheit der Materie oder infolge des Unendlichgroßwerdens von Feldkräften. Sie brauchen auch nicht universell zu sein. Tatsächlich gibt es denn auch Grenzgeschwindigkeiten für die Phasen einer geführten Sinuswelle beiderseits der Grenze zweier idealer Flüssigkeiten, sogar mehrfache, wie anderenorts von mir nachgewiesen worden ist [25—28]. Es ist eben lediglich Sache der Erfahrung, ob und unter welchen Umständen es in der Wirklichkeit Grenzgeschwindigkeiten gibt. Also brauchen in dieser Hinsicht die genannten Theorien von vorneherein nicht falsch zu sein. Solange es an Erfahrungen gebricht, können wir auch — physikalisch gedacht — eine obere, nicht universelle Grenzgeschwindigkeit in jedem Mittel zugeben, wenn daraus auch folgt, daß bei mehreren Mitteln im Raume gleichzeitig mehrere auftreten können. Daß es aber in jedem Mittel mehrere Grenzgeschwindigkeiten geben können soll, hat bei einer freien Welle einen so hohen Grad von physikalischer Unwahrscheinlichkeit für sich, daß wir uns für berechtigt halten, in dieser Hinsicht die Theorie von Minkowski abzulehnen, ebenso sind unwahrscheinlich verwirklicht die Forderungen der Theorie von Abraham.

Die Radiationsgeschwindigkeit $\mathfrak{c}^R$ ist proportional der Mittelgeschwindigkeit $\mathfrak{u}$, aber stets derart, daß das wandernde Radiationsgebiet R gegenüber dem bewegten Mittel zurückbleibt ($f \leq 1$). Der Beiwert f hat den Wert 1 in der Theorie von Hertz. In allen übrigen Theorien ist er von den beiden Erregungsbeiwerten des Mittels abhängig, ja, mit Ausnahme der Theorie von Lorentz, sogar von der Mittelgeschwindigkeit $\mathfrak{u}$, jedoch nur in der Form des Quadrates des Verhältnisses u/c_0. Zu unserer zweiten großen Überraschung ersehen wir nun aber, daß der Beiwert f auch negativ ausfallen kann, selbst bei positiven Werten von ε und μ. Dann entfernt sich R immer mehr in zu $\mathfrak{u}$ entgegengesetzter Richtung, und die absolute Frontgeschwindigkeit $\mathfrak{c}$ ist entgegen der Richtung von $\mathfrak{u}$ größer als in ihrer Richtung. Da es in diesem Falle sinnwidrig ist, von einer Gegenführung der Welle seitens des Mittels zu reden, so fordern alle nach-Hertzischen Theorien von uns, daß wir den Begriff der partiellen Mitführung der Welle seitens des Mittels aufgeben! Auch hier müssen wir uns hüten, auf Grund einer gewiß sehr naheliegenden Auffassung eine glatte Ablehnung auszusprechen. Es könnte doch sein, daß die Dinge ganz anders liegen, als wir uns bis heute vorgestellt haben. Auch beim Lichtdruck lag es nahe, der Welle ein Stoßvermögen in Richtung der Fortpflanzung zuzuschreiben wie einem materiellen Konvektionsstrahl. Die Erfahrungen der negativen Photophorese zwangen aber, diese Auffassung fallen zu lassen. Es handelt sich eben gar nicht um eine Stoßwirkung, sondern um eine Wirkung einer Wellenverästelung. Druck und Zug sind gleicherweise bedingt durch die Unterschiede im Spannungsfeld einer Wellenverästelung an Unstetigkeitsflächen. Und die Spannungen sind mitbestimmt nicht nur durch die Eigenschaften beider Mittel, sondern auch durch die Erregungsart der Quelle, sowie die Form der Welle, so daß der Vorgang sich als ein wellenkinematischer mit physikalischem Einschlag herausstellt. So könnte es auch im Falle einer Welle in bewegtem Mittel sein, daß negative $\mathfrak{c}^R$ wellenkinematisch ebensowenig zu beanstanden seien wie positive; wir werden später in § 7 erkennen, daß es tatsächlich so ist. Dann wäre die Vorstellung des Mitreißens des Radiationsgebietes R seitens des Mittels hinfällig, läßt doch diese Vorstellung schon die Theorie von Cohn nicht einmal für den reinen Äther als Mittel zu. Die vorliegenden Theorien von Minkowski, Cohn und Abraham sind freilich auch in dieser Hinsicht sicher nicht haltbar, denn sie verlangen Abrücken mitunter sowohl für $\varepsilon\mu > 1$ als auch $\varepsilon\mu < 1$, je nach dem Werte der Mittelgeschwindigkeit $\mathfrak{u}$; siehe Abb. 6a und 6b. Die ursprüngliche Theorie von Lorentz dagegen kennt Abrücken nur für $\varepsilon < 1$, welches auch der Wert von $\mathfrak{u}$ sei; siehe Abb. 7a und 7b. Das nun könnte sehr wohl ein Fingerzeig sein, daß es sich hier um mehr als um eine Ähnlichkeit mit der Sachlage in der Photophorese handele, daß vielmehr eine Wesensgleichheit vorliege. Daraus würde umgekehrt zu folgern sein, daß die negative Photophorese wirklich durch kleinere Werte von ε, als er dem reinen Äther zukommt, ihre Erklärung finde. Schon vor vielen Jahren habe ich nachgewiesen, daß an Körpern infolge einer durchlaufenden elektromagnetischen Welle neben Drücken auch Züge auf den Körper möglich sind, nämlich wenn der erste Beiwert der elektrischen harmonischen Erregung ε' im Innern der Welle beträchtlich kleiner als 1, nämlich negativ, ausfällt [6 bis 9], nachdem ich seine Existenz in der Natur auf einem neuen Wege erwiesen hatte [8]. Bedeutung und Zahlenwerte der Größe ε' dort und ε hier sind aber nicht genau die gleichen. Beidemal handelt es sich zwar um ein Verhältnis der Erregung zur erregenden Kraft, während aber hier der reine Wert eine Rolle spielt, der nur positiv sein kann, ist es innerhalb einer Sinuswelle der dynamische Sammelwert für verschiedene Einflüsse der Materie und der Wellenform auf die elektrische Erregung, neben denen auch noch eine zweite Größe ε'', ein zweites Verhältnis, durch eine Art Reibung bedingt, hinzutritt. Vor und an der Front der Welle sind ε und μ quasi-statisch und als solche stets positiv, aber indem die Front über den betrachteten Punkt im Mittel hinwegstreicht, nehmen diese Größen mehr oder weniger rasch dynamische Werte an, die auch negativ ausfallen können, m. a. W. die ε', ε'', μ', μ'' gehen als Funktionen des Ortes und der Zeit in die Rechnung ein. — Ist das Mittel insbesondere der reine Äther, und bewegt er sich für uns, so verlangen die Theorien von Minkowski, Lorentz und Abraham $\mathfrak{c}^R = 0$, welches auch die Größe der Geschwindigkeit $\mathfrak{u}$ des Äthers sei. Das ist eine Folge der angeblichen Erfahrungen aus dem Michelson-Versuch. Das Radiationsgebiet ruht also nach ihnen relativ zum Beobachter, auch bei Bewegung des

Mittels, wohingegen nach den Theorien von Hertz und Cohn $\mathfrak{c}^R = \mathfrak{u}$ bzw. $\mathfrak{c}^R = -(u/c_0)^2 : (1 - u^2/c_0^2) \cdot \mathfrak{u}$ ist. Aber auch die Theorie von Cohn kennt ein ruhendes R, nämlich für $u = c_0 \cdot \sqrt{\varepsilon\,\mu - 1}$, falls $\varepsilon\mu > 1$, ein Ergebnis, das offenbar nicht realisiert ist.

Die Theorien von Cohn und Minkowski erheben keine Vorschriften hinsichtlich einer Polarisation des Feldes an der Front in bezug auf eine Schnittebene durch die $\mathfrak{u}$-Achse, einen Hauptschnitt. Das tun jedoch die Theorien von Lorentz und Abraham. Nach Lorentz kann der Anstieg der elektrischen Erregung nur senkrecht zum Hauptschnitt erfolgen [22], nach Abraham hingegen entweder senkrecht oder parallel [22]. Mit letztgenannter Theorie ist zu unserer dritten großen Überraschung je eine spezifische Ausdehnungsgeschwindigkeit $\hat{\mathfrak{c}}$ verbunden. Die Theorie von Abraham fordert also zwei verschiedene Ausbreitungsformen je nach der Polarisation des Feldes hinter der Front in bezug auf den Hauptschnitt!

Wir wenden uns jetzt zur eindeutigen Auslegung der Geschwindigkeitsrose für die Ausdehnungsgeschwindigkeit $\hat{\mathfrak{c}}$ in bezug auf ihr Radiationsgebiet R bei punktsymmetrischer Quelle (Abb. 2 bis 5), d. i. Form, Größe und Orientierung der Front nach einer Sekunde. Was die Gestalt der Wellenfrontfläche anbelangt, so lehrt der Bau der Formel für $\hat{\mathfrak{c}}$, daß der Fresnel-Faktor f von Einfluß ist, nicht aber die Bewegungsrichtung $\mathfrak{u}$ des Mittels. Weiter sollen in jeder Feldtheorie, die unter Zugrundelegung eines allgemeinen Relativitätsprinzipes auf bewegte Mittel erweitert worden ist, bei punktsymmetrischer Wellenquelle in einem homogenen und isotropen Mittel die Frontflächen für aufeinanderfolgende Zeiten auch in einem zum Beobachter gleichförmig bewegten Mittel relativ zum Radiationspunkt konzentrische Kugelflächen sein. Diese »Isotropie der Wellenfortpflanzung« mit der gleichen Ausdehnungsgeschwindigkeit wie bei Ruhe zeigt in der Tat unsere Formel für $\hat{\mathfrak{c}}$ in der relativistischen Theorie von Hertz. Im erwarteten Gegensatz dazu zeigen die Feldgleichungen von Cohn, Lorentz und Abraham, ja sogar die von Minkowski, Frontflächen von ovalsymmetrischer Gestalt, abhängig von den Eigenschaften des Mittels und seiner Geschwindigkeit, in jedem berechtigten Bezugsystem, das nicht im Mittel fest ist ($\mathfrak{u} \neq 0$). Dabei soll sein: in der Theorie von Cohn $\mathfrak{u}$ die Geschwindigkeit gegen die Fixsternwelt, in den Theorien von Lorentz und Abraham $\mathfrak{u}$ die Geschwindigkeit gegen den als Ganzes unbeweglichen Äther, so daß wir eigentlich $\mathfrak{u}_0 + \mathfrak{u}$ zu schreiben haben, wobei $\mathfrak{u}_0$ die Geschwindigkeit des Bezugsystems gegen die Fixsternwelt bzw. gegen den Äther bedeutet, die beide wellenkinematisch ausgezeichnet werden. Nur ein Mittel soll es nach allen Theorien, mit Ausnahme der von Cohn, geben, in welchem selbst bei dessen Bewegung gegen den Beobachter die Wellenausbreitung in konzentrischen Kugelflächen mit Lichtgeschwindigkeit c_0 gefordert wird, und das ist der reine Äther ($\varepsilon = \varepsilon_0 = 1 = \mu = \mu_0$). Auch der reine Äther ist erfahrungsgemäß ein Mittel, denn er übermittelt Wellen.

Was die Orientierung der Frontfläche anbelangt, so fordert die Theorie von Cohn (siehe Abb. 2), daß stets der größere Durchmesser parallel zu $\mathfrak{u}$ liege, auch im Vakuum, daß also die Wellenelemente parallel und antiparallel zu $\mathfrak{u}$ sich in bezug auf R stets rascher fortpflanzen als quer zu $\mathfrak{u}$. Dies als zutreffend anzusehen, tragen wir starkes physikalisches Bedenken. Nach Abraham (siehe Abb. 4a und 4b, 4c und 4d) ist es stets gerade umgekehrt, wenn nicht zufällig ε oder μ den Wert 1 hat, in welchem Falle beide Durchmesser gleich sind. Bei Lorentz (siehe Abb. 3a und 3b) und Minkowski (siehe Abb. 5a und 5b) finden wir nur bei Abrücken von R ($f < 0$) gegen Q_0 die großen Durchmesser parallel zu $\mathfrak{u}$.

Was die Größe der Frontfläche anbelangt, so erkennen wir zu unserer vierten großen Überraschung, daß in allen nach-Hertzischen Theorien, mit Ausnahme der von Lorentz, in der Materie die Ausdehnungsgeschwindigkeit $\hat{\mathfrak{c}}$ nach allen Richtungen um einen konstanten Betrag vergrößert bzw. verkleinert ist, der von $(u/c_0)^2$ abhängt, also indirekt von dem Fresnel-Faktor f; zu diesem isotropen Einfluß der Bewegung gesellt sich erst der Betrag, der von der Richtung des Flächenelementes abhängt. Die Bewegung des Mittels übt also nach diesen Theorien einen isotropen und einen anisotropen Einfluß auf $\hat{\mathfrak{c}}$ aus, die sich beide addieren. Nach Cohn ist die Frontfläche gegenüber der gleichzeitigen Hertzischen Kugelfläche stets vergrößert; bei Minkowski und Abraham erscheint sie verkleinert bei Nachrücken von R gegen Q_0, dagegen vergrößert bei Abrücken.

Mangels jeglicher Erfahrung müssen wir uns vorläufig einer Beurteilung der Theorien nach ihrer Geschwindigkeitsrose enthalten. Jedoch erfährt das Urteil über die Theorie von Minkowski, das oben schon feststand, eine Bestätigung und Verstärkung. Sie ist nur der Forderung nach relativistisch, in Wahrheit aber nicht, wie unsere Auseinandersetzungen hinsichtlich $\mathfrak{c}^R$ und $\hat{\mathfrak{c}}$ ergeben haben. Das kann ja auch nicht anders sein. Geht sie doch von der unzulässigen, weil mit den Feldgleichungen der Ruhe nachweislich unverträglichen Annahme $c = c_0$ »unter allen Umständen« aus, was zur Folge hat, daß in Wahrheit nach den Feldgleichungen als relative Frontflächen in bewegter Materie Ovale statt Kugeln auftreten, deren große bzw. kleine Achse parallel zu $\mathfrak{u}$ liegt, je nachdem $(\varepsilon\mu - 1) : (\varepsilon\mu - \mathfrak{u}^2/c_0^2) \gtrless 0$ ist.

Aus $\hat{\mathfrak{c}}$ und $\mathfrak{c}^R$ setzt sich nun nach unserer Frontanalyse die absolute Normalgeschwindigkeit zusammen nach der Formel

7) $$\mathfrak{c}_n = \hat{\mathfrak{c}} + (\mathfrak{c}^R \mathfrak{n})\,\mathfrak{n} = (\hat{\mathfrak{c}} + \mathfrak{c}^R, \mathfrak{n})\,\mathfrak{n}.$$

Die Tangentiale $\mathfrak{c}_t$ ist auf diesem Wege nicht ermittelbar, weil ja $(\mathfrak{c}_t \nabla)\,\mathfrak{A}$ längs der Front verschwindet. Aus 7) folgt aber für die Frontgeschwindigkeit selbst jedenfalls $\mathfrak{c} = \hat{\mathfrak{c}} + \mathfrak{c}^R + \mathfrak{c}_x$, worin $\mathfrak{c}_x$ eine etwaige tangentielle Zusatzkomponente ist, denn es könnte sein, daß sich dasselbe $\mathfrak{c}_n$ auch noch anders zusammensetzte. Es ist aber leicht $\mathfrak{c}_x = 0$ zu erweisen.

Ist $\mathfrak{v}$ die Verschiebungsgeschwindigkeit eines Bezugsystems $\hat{\Sigma}$ gegen Σ, so besteht zwischen den Geschwindigkeiten $\mathfrak{c}$ und $\hat{\mathfrak{c}}$ ein und desselben Dingpunktes die Beziehung $\mathfrak{v} + \hat{\mathfrak{c}} = \mathfrak{c} = \mathfrak{c}_n + \mathfrak{c}_t$ bei einer Galilei-Transposition, deren alleinige Gültigkeit hier vorwegnehmend. Nachdem unsere Frontanalyse die Existenz eines Radiationsgebietes geoffenbaret hat, dessen Geschwindigkeit $\mathfrak{v}$ wir nun als unbekannt annehmen, verlegen wir $\hat{\Sigma}$ in dasselbe, so daß mit dem oben ermittelten Werte von $\mathfrak{c}_n$ jetzt $\mathfrak{v} = (\mathfrak{c}^R \mathfrak{n})\,\mathfrak{n} + \mathfrak{c}_t$ wird. Darin ist $\mathfrak{c}^R$ erwiesenermaßen für alle Elemente $(\mathfrak{n})$ gleich, $\mathfrak{c}_t$ jedoch von vorneherein verschieden möglich. Man erkennt, daß deshalb $\mathfrak{c}_t = \mathfrak{c}_t^R$ sein muß. *Ein Frontelement wandert also im allgemeinen nicht in Richtung seiner Normale.* Die Frontgeschwindigkeit in bezug auf einen Beobachter, für den sich das Mittel mit konstanter Geschwindigkeit $\mathfrak{u}$ bewegt, ist somit

8) $$\mathfrak{c} = \mathfrak{c}_n + \mathfrak{c}_t^R = \hat{\mathfrak{c}} + \mathfrak{c}^R$$

Sofern $\mathfrak{c}^R \neq 0$, ist also die Frontgeschwindigkeit $\mathfrak{c}$ stets zweigliedrig und weicht in einem bewegten Mittel von der Richtung der Frontnormalen ab, wenn nicht gerade $\hat{\mathfrak{c}}$ und $\mathfrak{c}^R$ parallel oder antiparallel sind; im letzteren Falle kann sie sogar den Wert null annehmen. Unsere Beziehungen gelten auch am Rücken der Welle, falls hinter demselben wiederum ein störungsfreies Feld zum Vorschein kommt.

Man ist heute der Meinung, daß die Theorien von Lorentz, Abraham, Cohn und Minkowski unter sich und mit dem Experiment bis auf Größen erster Ordnung in u/c_0 übereinstimmen. Was die Frontgeschwindigkeit anbelangt, so stimmt unter dieser Voraussetzung *nach unserer*

Untersuchung die Formel $\mathfrak{c} \cong c_0/\sqrt{\varepsilon\mu} \cdot \mathfrak{n} + (1 - 1/\varepsilon\mu)\,\mathfrak{u}$ für alle diese Theorien überein. Insoweit stimmt auch die Frontgeschwindigkeit mit der angenäherten Formel der Phasengeschwindigkeit einer einfach-harmonischen Welle formal überein; es bleibt aber zu beachten, daß im Innern der Welle unter ε und μ die dynamischen Werte zu verstehen sind, mit Einschluß etwaiger Leitfähigkeit. Aber über die strenge und allgemeine Gültigkeit der Theorien entscheiden gerade die quadratischen Verhältnisse von u/c_0. Dabei deckt unsere Frontuntersuchung das feinste Geäder einer jeden Feldtheorie bloß. Da werden tiefe Gegensätze zwischen den Theorien sichtbar und Bedenklichkeiten, ja Unannehmbarkeiten, die man den Feldgleichungen gar nicht anmerkt, auch zwischen so verwandten Theorien wie denen von Lorentz und Abraham. Aber auch neue Aufschlüsse.

Die bloßgelegte Problematik aller bisherigen Elektrodynamiken kommt demjenigen nicht überraschend, dem andere Gedankengänge die Überzeugung und schließlich den Beweis aufgedrängt haben, daß sie im Grunde auf das allen Theorien gemeinsame Fundament des sog. »Induktionsschemas« zurückzuführen ist, wie es z. B. im § 5 niedergelegt ist. Werden doch die Feldgleichungen geradezu als Induktionsgleichungen angesprochen. Dabei ist meinerseits keineswegs verkannt, daß die Theorien offenbare Wahrheitskerne enthalten, indem sie über stationäre Felder im großen und ganzen befriedigende Aussagen machen, auch wohl noch über quasi-stationäre, welch letztere indessen zwar für die Praxis, nicht aber für die strenge Theorie elektrodynamischer Wellen von irgendwelcher Bedeutung sein können. Angesichts unserer hier gewonnenen Einzelerkenntnisse verstärkt sich die Frage: Ist dieses Induktionsschema der wahre Ausdruck dessen, was hinter den beobachteten Induktionserscheinungen vorgeht? Die Antwort habe ich, von ganz anderen Untersuchungen und Erwägungen herkommend, schon vor vielen Jahren gegeben [14, 15, 17, 24]. Sie lautet in aller Bestimmtheit: Nachweislich nein! Gleichzeitig habe ich aber auch erklärt, was Induktion in Wahrheit ist, nämlich: die Erzeugung eigentümlicher Wellen, die von Unstetigkeitsflächen je nach ihrer Ausprägung mehr oder weniger straff geführt werden. Diese aber haben ihre besondere, zur Zeit in der Physik noch unerkannte, andernorts in Breite darzulegende Theorie, welche ihrerseits zur notwendigen Voraussetzung hat, daß in geführten Wellen wie überhaupt in allen Wellen das Wesen der Welle an sich, zu eindeutig mathematischem Ausdruck gebracht sei, welch Wesen der Verfasser seit 1917 dargelegt hat. Womit wir denn wieder zum Ausgangspunkt und Beweggrund für unsere Untersuchungen angelangt sind. Also auf dieser in ihrem Wesen unerkannten Induktion beruhen alle bisherigen Theorien der Elektrodynamik! Was Wunder, wenn sie einer tiefen und annahmenfreien Felduntersuchung nicht standzuhalten vermögen! Ohne die Erkenntnis vom Wesen der Welle und vom Wesen der Induktion ist eine wahrhafte Begründung der Elektrodynamik unmöglich. Es ist also im Grunde die Wellenkinematik, die durch alle bisherigen Elektrodynamiken, sofern sie mehr sein sollen als brauchbare Formeln für die Praxis, einen dicken Strich zieht, weil diese Theorien vor der Erforschung jener apriorischen Disziplin aufgestellt worden sind.

Wir haben nun noch den Beweis nachzuliefern, daß $\mathfrak{c} \neq \mathfrak{c}_0$ ist sowohl bei Ruhe als auch bei Bewegung der Materie, im letzteren Falle die Neue Raumzeitlehre von Einstein voraussetzend [20, 21].

3. Einige allgemeine Feldsätze an einer bewegten Fläche

Sind $\mathfrak{A}$ und $\mathfrak{B}$ zwei Feldvektoren und $\mathfrak{n}$ die Normale an einer Flächenschar $F(\mathfrak{n})$, dann muß, wenn $\mathfrak{A}$ an einer diesen Flächen F verschwindet, sein $\quad \text{rot}\,[\mathfrak{A}\mathfrak{B}] = (\mathfrak{B}\nabla)\,\mathfrak{A} - \mathfrak{B}\cdot\text{div}\,\mathfrak{A}$ tangential $\text{grad}\,(\mathfrak{A}\mathfrak{B}) = (\mathfrak{B}\nabla)\,\mathfrak{A} + [\mathfrak{B}\,\text{rot}\,\mathfrak{A}]$ normal, d. h. es muß sein $(\mathfrak{n}(\mathfrak{B}\nabla)\mathfrak{A}) = (\mathfrak{B}\mathfrak{n})\,\text{div}\,\mathfrak{A}$; $(\mathfrak{B}\nabla)_t\,\mathfrak{A} = (\mathfrak{B}\mathfrak{n})\,[\text{rot}\,\mathfrak{A}, \mathfrak{n}]$, wobei die Tangentialkomponente eines Vektors mit dem Zeiger t angedeutet ist. Mithin ist

$$\text{I)}\qquad \begin{aligned}(\mathfrak{B}\nabla)\,\mathfrak{A} &= (\mathfrak{B}\mathfrak{n})\,\text{div}\,\mathfrak{A}\cdot\mathfrak{n} + (\mathfrak{B}\mathfrak{n})\,[\text{rot}\,\mathfrak{A}, \mathfrak{n}]\\ &= \text{rot}\,[\mathfrak{A}\mathfrak{B}] + \mathfrak{B}\cdot\text{div}\,\mathfrak{A}\\ &= \text{grad}\,(\mathfrak{A}\mathfrak{B}) - [\mathfrak{B}\,\text{rot}\,\mathfrak{A}] \qquad \text{für } \mathfrak{A} = 0.\end{aligned}$$

Ist insbesondere $\mathfrak{B} = \mathfrak{n}$, so fließt aus I)

$$1)\qquad \text{rot}\,[\mathfrak{A}\mathfrak{n}] = [\text{rot}\,\mathfrak{A}, \mathfrak{n}];$$

$$2)\qquad \text{grad}\,(\mathfrak{A}\,\mathfrak{n}) = \text{div}\,\mathfrak{A}\cdot\mathfrak{n}$$

$$3)\qquad (\mathfrak{n}\,(\mathfrak{n}\nabla)\,\mathfrak{A}) = \text{div}\,\mathfrak{A} = (\mathfrak{n}, \text{grad}\,(\mathfrak{A}\,\mathfrak{n}))$$

$$4)\qquad [\mathfrak{n}\,(\mathfrak{n}\nabla)\,\mathfrak{A}] = \text{rot}\,\mathfrak{A} = [\mathfrak{n}, \text{rot}\,[\mathfrak{A}\,\mathfrak{n}]] \qquad \text{für } \mathfrak{A} = 0.$$

Bewegt sich das Element $(\mathfrak{n})$ der Fläche F mit der Geschwindigkeit $c\,\mathfrak{n}$ in Richtung seiner Normale $\mathfrak{n}$, so gilt mit diesen Formeln, wenn dauernd an F

$$5)\qquad (\mathfrak{A}\,\mathfrak{n}) = 0 \text{ ist: } (\dot{\mathfrak{A}}\,\mathfrak{n}) + c\,(\mathfrak{n}, \text{grad}\,(\mathfrak{A}\,\mathfrak{n})) = 0;$$

$$\text{wenn } \mathfrak{A} = 0 \text{ ist: } \dot{\mathfrak{A}} + c\,(\mathfrak{n}\nabla)\,\mathfrak{A} = 0$$

$$6)\qquad = \dot{\mathfrak{A}} + c\,\text{div}\,\mathfrak{A}\cdot\mathfrak{n} - c\,[\mathfrak{n}, \text{rot}\,\mathfrak{A}];$$

$$7)\qquad \text{wenn } \mathfrak{A}_t = 0 \text{ ist: } \dot{\mathfrak{A}}_t - c\,[\mathfrak{n}, \text{rot}\,\mathfrak{A}] + c\,(\mathfrak{A}\,\mathfrak{n})\,[\mathfrak{n}, \text{rot}\,\mathfrak{n}] + c\,\text{grad}_t\,(\mathfrak{A}\,\mathfrak{n}) = 0.$$

4. Die Front- und Rückengeschwindigkeit einer freien elektromagnetischen Welle in ruhender Materie nach der Elektronentheorie

Im Heaviside-Lorentzschen Maßsystem lauten die elektromagnetischen Feldgleichungen für zum Äther ruhende Körper

I) II) $\dot{\mathfrak{E}} + \dot{\mathfrak{P}} = c_0 \operatorname{rot} \mathfrak{M}$; $\quad -\dot{\mathfrak{M}} = c_0 \operatorname{rot} \mathfrak{E}$

III) IV) $\operatorname{div} \mathfrak{M} = 0$ $\quad \operatorname{div} (\mathfrak{E} + \mathfrak{P}) = 0.$

c_0 = Lichtgeschwindigkeit einer freien Welle im leeren Raume; $\mathfrak{E}$ und $\mathfrak{M}$ = elektrische bzw. magnetische Feldstärke; $\mathfrak{P}$ = elektrische Polarisation der Volumeinheit.

Außerdem mißt die Strahlung

V) $$\mathfrak{R} = c_0 [\mathfrak{E}\,\mathfrak{M}].$$

A. Die Welle laufe über ein stationäres oder statisches Feld ($\mathfrak{M}_0$; $\mathfrak{E}_0$; $\mathfrak{P}_0$) hinweg. Ihre Frontfläche $F(\mathfrak{r}; t)$ mit der Normale $\mathfrak{n}$ rücke dabei normal zu sich selbst mit der Frontgeschwindigkeit $c\,\mathfrak{n}$ vor. Das »Induktionsschema«, angewandt auf ein unendlich schmales, parallel zu $\mathfrak{n}$ liegendes Flächenelement, das von der Front F geschnitten wird, verlangt

$$\mathfrak{M}_{01t} + \mathfrak{M}_t = \mathfrak{M}_{02t}; \quad \mathfrak{E}_{01t} + \mathfrak{E}_t = \mathfrak{E}_{02t},$$

also

1) 2) $\mathfrak{M}_t = 0;$ $\quad \mathfrak{E}_t = 0,$

daraus folgt nach I) und II)

3) 4) $(\dot{\mathfrak{E}} + \dot{\mathfrak{P}}, \mathfrak{n}) = 0;$ $\quad (\dot{\mathfrak{M}}\,\mathfrak{n}) = 0$

und weiter mit III) und IV) sowie 1) und 2) aus dem Satz 5) § 3

5) 6) $(\mathfrak{E} + \mathfrak{P}, \mathfrak{n}) = 0$ $\quad (\mathfrak{M}\,\mathfrak{n}) = 0$

neben

7) $$(\mathfrak{n}, (\mathfrak{n}\,\nabla)\,\mathfrak{E} + \mathfrak{P}) = 0 = (\mathfrak{n}, \operatorname{grad}(\mathfrak{E} + \mathfrak{P}, \mathfrak{n}))$$

8) $$(\mathfrak{n}, (\mathfrak{n}\,\nabla)\,\mathfrak{M}) = 0 = (\mathfrak{n}, \operatorname{grad}(\mathfrak{M}\,\mathfrak{n})).$$

Also auch an der Front entstehen keine elektrischen und magnetischen Mengen, indem die Erregung stetig ist. Auch sind die Maxwellschen Spannungen stetig. Gemäß dem Satz 6) § 3 hat man wegen 1) 6) und III)

9) $$\dot{\mathfrak{M}} = -c\,(\mathfrak{n}\,\nabla)\,\mathfrak{M} = c\,[\mathfrak{n}, \operatorname{rot} \mathfrak{M}]$$

oder wegen I)

10) $$\dot{\mathfrak{E}} + \dot{\mathfrak{P}} = \frac{c_0}{c}\,[\mathfrak{M}\,\mathfrak{n}] = \dot{\mathfrak{E}}_t + \dot{\mathfrak{P}}_t.$$

Nennen wir $\mathfrak{R}_0$ die Energieströmung $c_0 [\mathfrak{E}_0 \mathfrak{M}_0]$, die lediglich durch das stationäre Feld bestimmt ist, und $\mathfrak{R}$ die Energieströmung $c_0 [\mathfrak{E} \mathfrak{M}]$, die lediglich der Welle angehört, so ist an F, weil dort $\mathfrak{M}$ verschwindet,

11) $\mathfrak{R} = 0$ und mit Rücksicht auf 2)

12) $(\dot{\mathfrak{R}}, \mathfrak{n}) = 0$, so daß nach den Sätzen 3) und 5) § 3

13) $(\mathfrak{n}, \text{grad}\,(\mathfrak{R}\,\mathfrak{n})) = 0 = \text{div}\,\mathfrak{R}$, sowie ferner nach 6) ebenda

14) $\dot{\mathfrak{R}} = -c\,(\mathfrak{n} \nabla)\,\mathfrak{R} = c\,[\mathfrak{n}\,\text{rot}\,\mathfrak{R}] = \dot{\mathfrak{R}}_t = -c_0\,(\mathfrak{E}\mathfrak{n})\,[\dot{\mathfrak{M}}\,\mathfrak{n}]$.

Weil das stationäre elektrische Feld $\mathfrak{E}_0$ für sich stetig ist, ist im leeren Raume ($\mathfrak{P} \equiv 0$), — wie auch das Quellengebiet, die Schwankungsform der Quelle sowie die Raumform der Welle beschaffen sein mögen — eine Normalkomponente von $\mathfrak{E}$ an F gemäß 5) niemals vorhanden. In der Materie kann es nicht anders sein, denn das elektrische Feld $\mathfrak{E}$ ist dort Ursache der Polarisation $\mathfrak{P}$ am gleichen Ort, nicht Wirkung. Zu demselben Schluß führt weiter unten der Satz vor 31). Außerdem würde sonst nach 14) die Energie in der Nachbarschaft der Front parallel derselben fließen, was absurd wäre. Wir müssen deshalb auch in der Materie an F haben

15) $(\mathfrak{E}\,\mathfrak{n}) = 0$ und somit wegen 5) auch

16) $(\mathfrak{P}\,\mathfrak{n}) = 0$ mit der weiteren Folge wegen 14)

17) $\text{rot}_t\,\mathfrak{R} = 0 = \text{rot}\,\mathfrak{R} = (\mathfrak{n} \nabla)\,\mathfrak{R} = \dot{\mathfrak{R}}$.

Die Energieströmung der Welle ist mit Rücksicht auf 13) und 17) in der Nachbarschaft der Front quellenfrei und lamellar.

Da nun auch $\mathfrak{E}$ sich als stetig erweist wie $\mathfrak{M}$, so haben wir nach Satz 7 § 3

18) $$\dot{\mathfrak{E}}_t = c\,[\mathfrak{n}\,\text{rot}\,\mathfrak{E}] = \frac{c}{c_0}\,[\dot{\mathfrak{M}}, \mathfrak{n}]$$

und im Hinblick auf 4)

19) $$(\dot{\mathfrak{E}}\,\dot{\mathfrak{M}}) = 0,$$

also auch nach 10)

20) $$(\dot{\mathfrak{P}}\,\dot{\mathfrak{M}}) = 0.$$

Aus 18) und 10) folgt nun aber

21) $$\dot{\mathfrak{P}}_t = \left\{\left(\frac{c_0}{c}\right)^2 - 1\right\} \dot{\mathfrak{E}}_t.$$

Das Verschwinden von $\mathfrak{E}$ verlangt weiter nach 3) und 5) § 3

22) $$(\dot{\mathfrak{E}}\,\mathfrak{n}) + c\,\text{div}\,\mathfrak{E} = 0.$$

Aus dem gleichen Grunde wie oben muß aber auch in der Materie an F sein

$$\text{23)} \qquad \operatorname{div} \mathfrak{E} = 0,$$

somit

$$\text{24)} \qquad (\dot{\mathfrak{E}}\, \mathfrak{n}) = 0 = (\dot{\mathfrak{P}}\, \mathfrak{n})$$

gemäß 4), so daß wir in 21) und 10) die Tangentialzeiger t streichen können. Es liegen also $\dot{\mathfrak{E}}$ und $\dot{\mathfrak{M}}$ senkrecht zueinander, und $\dot{\mathfrak{P}}$ ist parallel oder antiparallel zu $\dot{\mathfrak{E}}$ (für $\dot{\mathfrak{M}} = 0$ würden sowohl $\mathfrak{E}$ als auch $\dot{\mathfrak{P}}$ verschwinden).

Als weitere Folgen merken wir noch an

$$\text{25)} \qquad (\mathfrak{n}, \operatorname{grad} (\mathfrak{E}\, \mathfrak{n})) = 0 = (\mathfrak{n}, \operatorname{grad} (\mathfrak{P}\, \mathfrak{n})).$$

Das Verschwinden von $(\dot{\mathfrak{E}}\, \mathfrak{n})$ und $(\dot{\mathfrak{M}}\, \mathfrak{n})$ bedingt

$$\text{26)} \qquad \ddot{\mathfrak{R}} = 2\, c_0 [\dot{\mathfrak{E}}\, \dot{\mathfrak{M}}] = 2\, c_0 ([\dot{\mathfrak{E}}\, \dot{\mathfrak{M}}]\, \mathfrak{n})\, \mathfrak{n},$$

so daß $\ddot{\mathfrak{R}}_t = 0$, also, weil $\dot{\mathfrak{R}} = 0$ ist nach 17),

$$\text{27)} \qquad \text{auch } \operatorname{rot} \dot{\mathfrak{R}} = 0 = (\mathfrak{n} \nabla)_t \dot{\mathfrak{R}} \text{ ist gemäß 7) u. 6) § 3.}$$

Schließlich ist noch von Nutzen

$$\text{28)} \qquad \ddot{W} = \dot{\mathfrak{E}}^2 + \dot{\mathfrak{M}}^2 = \left\{ \left(\frac{c}{c_0} \right)^2 + 1 \right\} \dot{\mathfrak{M}}^2$$

$$\text{29)} \qquad (\dot{\mathfrak{E}}\, \dot{\mathfrak{P}}) = \left\{ 1 - \left(\frac{c}{c_0} \right)^2 \right\} \dot{\mathfrak{M}}^2 = \dot{\mathfrak{M}}^2 - \dot{\mathfrak{E}}^2;$$

$$\text{30)} \qquad - \operatorname{div} \dot{\mathfrak{R}} = - (\mathfrak{n} \operatorname{grad} (\dot{\mathfrak{R}}\, \mathfrak{n})) = \frac{1}{c} (\ddot{\mathfrak{R}}\, \mathfrak{n}) = 2\, \dot{\mathfrak{M}}^2 > 0$$

in Hinblick auf 26).

Wenn vor und in F keine veränderliche erregende Kraft $\mathfrak{E}$ existiert, dann kann daselbst auch keine veränderliche Polarisation $\mathfrak{P}$ existieren. Aus $\mathfrak{E} = 0 = \mathfrak{P}$ folgt aber $\mathfrak{E} + \mathfrak{P} = 0$, also nach 6) § 3 und IV § 4

$$\dot{\mathfrak{E}} + \dot{\mathfrak{P}} = c\, [\mathfrak{n}, \operatorname{rot} (\mathfrak{E} + \mathfrak{P})] = \frac{c_0}{c} [\dot{\mathfrak{M}}\, \mathfrak{n}]$$

oder wegen 18)

$$c\, [\mathfrak{n} \operatorname{rot} \mathfrak{P}] = \left(\frac{c_0}{c} - \frac{c}{c_0} \right) [\dot{\mathfrak{M}}\, \mathfrak{n}]$$

oder

$$\text{31)} \qquad c \operatorname{rot}_t \mathfrak{P} = c \operatorname{rot} \mathfrak{B} = \left(\frac{c}{c_0} - \frac{c_0}{c} \right) \dot{\mathfrak{M}}.$$

Bisher brauchte von der Verbindung der Polarisationen $\mathfrak{P}$ mit dem erregenden Felde $\mathfrak{E}$ nicht die Rede zu sein. Uns auf unmagnetische Körper beschränkend, stellen wir nun die Antriebsgleichung derselben nach Lorentz in der Form[1]) dar

$$32)\qquad \gamma\,\mathfrak{P}+\varrho\,\dot{\mathfrak{P}}+m\,\ddot{\mathfrak{P}}=N\,p\,e^2\left\{\mathfrak{E}+\frac{4}{3}\pi\cdot\mathfrak{P}+4\pi\,s\cdot\mathfrak{P}\right\}.$$

Hierin bedeutet N die Zahl der Molekeln in cm^3, p die Anzahl der Dipole in der Molekel mit den Ladungen $\pm e$ und der Masse m, γ den Beiwert der rücktreibenden, quasi-elastischen Kraft, ϱ den Beiwert der hemmenden Reibungskraft, s den Beiwert der erregenden Kraft seitens der unmittelbar benachbarten Polarisationen auf den betrachteten Dipol. Sind verschiedene Dipolsorten zu unterscheiden, dann ist noch über diese zu summieren. Der magnetische Anteil $[\dot{\mathfrak{P}}\,\mathfrak{M}]$ der äußeren Kraft ist vernachlässigt.

Die Verknüpfungsgleichung 32) zwischen $\mathfrak{P}$ und $\mathfrak{E}$ führen wir in die handlichere Form

32a) $\sigma\,\mathfrak{P}+\varrho\,\dot{\mathfrak{P}}+m\,\ddot{\mathfrak{P}}=N p e^2\cdot\mathfrak{E}$ über, mit $\sigma=\gamma-4\,\pi\,(1/3+s)\,N p e^2$.

Da sie überall und zu allen Zeiten gelten soll, haben wir z. B. auch

$$33)\qquad \sigma\,\dot{\mathfrak{P}}+\varrho\,\ddot{\mathfrak{P}}+m\,\dddot{\mathfrak{P}}=N p e^2\cdot\dot{\mathfrak{E}}\ \text{usw.}$$

An der Front verschwinden $\mathfrak{E}$ und $\mathfrak{P}$, daher muß dort zu allen Zeiten nach 32a) sein

$$34)\qquad \varrho\,\dot{\mathfrak{P}}+m\,\ddot{\mathfrak{P}}=0.$$

Eine nur an einer beweglichen Fläche gültige Beziehung darf im allgemeinen nicht lokal nach der Zeit differentiert werden. Indessen folgt, wenn wir mit $\partial/\partial t$ die lokalzeitliche Ableitung bezeichnen, aus

$$35)\qquad \frac{d}{dt}\frac{\partial^n\mathfrak{A}}{\partial t^n}=\frac{\partial^{n+1}}{\partial t^{n+1}}\mathfrak{A}+c\,(\mathfrak{n}\,\nabla)\frac{\partial^n\mathfrak{A}}{\partial t^n}$$
$$=\frac{\partial^n}{\partial t^n}\left\{\frac{\partial\mathfrak{A}}{\partial t}+c\,(\mathfrak{n}\,\nabla)\,\mathfrak{A}\right\}=\frac{\partial^n}{\partial t^n}\frac{d\mathfrak{A}}{dt}.$$

Ferner haben wir die überall und zu jeder Zeit gültige Identität,

$$36)\qquad \frac{d\mathfrak{A}}{dt}-\frac{\partial\mathfrak{A}}{\partial t}-c\,(\mathfrak{n}\,\nabla)\,\mathfrak{A}=0,$$

---

[1]) z. B. M. Abraham, Theorie der Elektrizität II, 1914, Teubner, Leipzig, S. 248.

die beliebig oft nicht nur substantiell sondern auch lokal nach der Zeit differentiiert werden darf. Dies auf unseren Fall angewendet, gibt mit Rücksicht auf 34)

$$37)\quad \frac{d\dot{\mathfrak{P}}}{dt} + \frac{\varrho}{m}\dot{\mathfrak{P}} - c(\mathfrak{n}\nabla)\dot{\mathfrak{P}} = 0 = \frac{\partial}{\partial t}\left\{\frac{d\mathfrak{P}}{dt} + \frac{\varrho}{m}\mathfrak{P} - c(\mathfrak{n}\nabla)\mathfrak{P}\right\}.$$

Rückwärts dürfen wir hieraus nicht etwa schließen, daß die geschweifte Klammer den konstanten Wert null an F habe. Das würde nur zutreffen, wenn sie substantiell nach der Zeit differentiiert wäre. Da dies aber nicht der Fall ist und außerdem $\mathfrak{P}$ an F verschwindet, also dort $\frac{d\mathfrak{P}}{dt} = \dot{\mathfrak{P}} + c(\mathfrak{n}\nabla)\mathfrak{P} = 0$ ist, so ist damit der strenge Beweis erbracht, daß an F unmöglich $(\mathfrak{n}\nabla)\mathfrak{P} = \dot{\mathfrak{P}} = 0$ sein kann und daß somit gemäß 21) $c \neq c_0$ sein muß. Die geschweifte Klammer hat vielmehr den Wert $\chi(\mathfrak{r};\, t) = \varrho/m \cdot \mathfrak{P} + \dot{\mathfrak{P}}$, so daß $\dot{\chi}$ gemäß 34) an F verschwindet, wie es ja nach obigem sein muß.

Vorwärts dagegen haben wir aus 37) gemäß 35) zu schließen

$$38)\quad \frac{d\ddot{\mathfrak{P}}}{dt} = -\frac{\varrho}{m}\ddot{\mathfrak{P}} + c(\mathfrak{n}\nabla)\ddot{\mathfrak{P}} = \dddot{\mathfrak{P}} + c(\mathfrak{n}\nabla)\ddot{\mathfrak{P}}$$

$$\frac{d\dddot{\mathfrak{P}}}{dt} = -\frac{\varrho}{m}\dddot{\mathfrak{P}} + c(\mathfrak{n}\nabla)\dddot{\mathfrak{P}} = \ddddot{\mathfrak{P}} + c(\mathfrak{n}\nabla)\dddot{\mathfrak{P}} \text{ usw.,}$$

$$39)\quad \text{folglich } \varrho\ddot{\mathfrak{P}} + m\dddot{\mathfrak{P}} = 0;\ \varrho\dddot{\mathfrak{P}} + m\ddddot{\mathfrak{P}} = 0 \text{ usw.}$$

M. a. W.: Eine Folge davon, daß $\mathfrak{E}$ und $\mathfrak{P}$ an F verschwinden, ist, daß an F sich in jedem Augenblick die beschleunigende Kraft $m\ddot{\mathfrak{P}}$ und die Reibungskraft $-\varrho\dot{\mathfrak{P}}$ aufheben, aber nicht nur diese selbst, sondern auch alle ihre lokalzeitlichen Ableitungen, d. h. also auch in der Nachbarschaft der Front. Weiter hat das im Hinblick auf die Gl. von der Art 33) zur Folge

$$40)\quad \sigma\ddot{\mathfrak{P}} = N p e^2 \cdot \ddot{\mathfrak{E}};\ \sigma\dddot{\mathfrak{P}} = N p e^2 \cdot \dddot{\mathfrak{E}} \text{ usw.}$$

Dies Verhalten wirkt nun bestimmend auf die Frontgeschwindigkeit c. Denn mit 21), wo wir die Tangentialzeiger ja weglassen können, kommt aus 40)

$$41)\quad c = \frac{c_0}{\sqrt{\varepsilon}};\ \text{darin ist } \varepsilon = 1 + \frac{N p e^2}{\sigma} = \frac{\gamma + 4\pi(^2/_3 - s) N p e^2}{\gamma - 4\pi(^1/_3 + s) N p e^2}$$

das Verhältnis der statischen Erregung $\mathfrak{D}_0$ zur Kraft $\mathfrak{E}_0$. Statt γ können wir noch $m\nu_0^2$ einsetzen, wobei ν_0 die Eigenfrequenz der Dipolgattung bei sehr geringer Dämpfung bezeichnet. Zu demselben Ergebnis würden wir auch gelangt sein, wenn div $\mathfrak{E} \neq 0$ gewesen wäre; dann würden die Gl. 39) und 40) für die Tangentialkomponenten gültig geblieben sein.

Im Gegensatz zu der ganz andersartigen Rechnung von Herrn Sommerfeld läuft also die Welle nicht unbehelligt von den Polarisationen durch den Äther. Die Frontgeschwindigkeit einer freien Welle ist in der Materie nicht die des leeren Raumes. Sie ist vielmehr abhängig von der statischen makroskopischen »Dielektrizitätskonstante«, dem statischen elektrischen Erregungsbeiwert des Mittels, ganz wie in der phänomenologischen Theorie von Maxwell. Wie dort ist auch hier die Größe der Frontgeschwindigkeit unabhängig vom Felde; ferner ist sie wegen 34) und 39) unabhängig von der inneren Reibung, also der Hysterese, und der schwingenden Masse des elektronenbesetzten Mittels. Dagegen besteht eine Abhängigkeit von der quasi-elastischen Kraft und der Koppelung mit den benachbarten Dipolen. Offenbar gilt 41) auch für ein stetig inhomogenes Mittel. Beim Übergang in ein anderes Mittel wird die Welle unmittelbar gebrochen.

Nach 41) unterliegt der statische elektrische Erregungsbeiwert ε als einziger Bedingung: der Positivität, d. h. es muß sein

42) $$-1 < \frac{N p e^2}{\sigma} < +\infty .$$

Kleine σ bedingen kleine Frontgeschwindigkeit, große σ große. Es kann sogar σ bis zu dem Werte $-N p e^2$ negativ sein; dann ist die Polarisationsgeschwindigkeit $\dot{\mathfrak{P}}$ antiparallel zu $\dot{\mathfrak{E}}$. Ferner:

$$\varepsilon - 1 = \frac{N p e^2}{\sigma} \gtrless 0, \text{ macht } \varepsilon \gtrless 1, \text{ also } c \lesseqgtr c_0 .$$

Da γ stets positiv, so ist mit 42) dem Beiwert s eine bestimmte obere Grenze vorgeschrieben. In Flüssigkeiten und Gasen, wo regellose Änderungen in der Gruppierung der Molekeln stattfinden, nimmt man dieser Vorstellung entsprechend $s = 0$ an. Bei negativem σ, also beim Überwiegen der Einwirkung der unmittelbar und mittelbar benachbarten Polarisationen auf den betrachteten Dipol gegenüber seiner quasi-elastischen Kraft, tritt Überlichtgeschwindigkeit auf. Solange wir nichts Genaueres über das Verhältnis von s zu γ wissen, ist nicht einzusehen, warum es nicht Körper mit solch relativ schwachen quasi-elastischen Kräften geben sollte. Es ist also eine Frage nach der Konstitution und Natur der Molekel-Aggregation, ob $c \gtrless c_0$ ausfällt.

Aus 34), 39) und 40) ergibt sich:

$$43)\quad \begin{cases} \ddot{\mathfrak{P}} = -\frac{\varrho}{m}\dot{\mathfrak{P}} = -\frac{\varrho}{m}(\varepsilon-1)\dot{\mathfrak{E}};\ \ddot{\mathfrak{E}} = -\frac{\varrho}{m}\dot{\mathfrak{E}} \\ \dddot{\mathfrak{P}} = +\left(\frac{\varrho}{m}\right)^2\dot{\mathfrak{P}} = +\left(\frac{\varrho}{m}\right)^2(\varepsilon-1)\dot{\mathfrak{E}};\ \dddot{\mathfrak{E}} = +\left(\frac{\varrho}{m}\right)^2\dot{\mathfrak{E}} \text{ usw.} \end{cases}$$

Alle lokalzeitlichen Ableitungen der Polarisation $\mathfrak{P}$ und der elektrischen Feldstärke $\mathfrak{E}$ sind an F dem Anstieg der Feldstärke $\mathfrak{E}$ porportional, also der Richtung nach parallel oder antiparallel. Für den Grad der Proportionalität der Ableitungen von $\mathfrak{E}$ und $\mathfrak{P}$ unter sich ist allein maßgebend ϱ/m, also das Verhältnis der Reibungskraft $\varrho\dot{\mathfrak{P}}$ zu dem Dipolimpuls $m\dot{\mathfrak{P}}$. Ferner zeigen die aufeinanderfolgenden Ableitungen einen regelrechten Vorzeichenwechsel. Das ist ein Zeichen, daß hinter der Front Schwingungen existieren können, die sehr wohl auch mit Richtungsänderungen der Vektoren $\mathfrak{E}$, $\mathfrak{P}$ und $\mathfrak{M}$ gegeneinander verbunden sein können.

Wenn $\mathfrak{P}$ mit $\mathfrak{E}$ verschwindet und $\dot{\mathfrak{P}}$ proportional $\dot{\mathfrak{E}}$ ist, so heißt dies, daß — soweit hinter der Front das Feld hinreichend genau nach Taylor durch $(\mathfrak{n}\nabla)\mathfrak{E}$ und $(\mathfrak{n}\nabla)\mathfrak{P}$ darstellbar ist — dort $\mathfrak{P} = (\varepsilon-1)\mathfrak{E}$ ist und $\mathfrak{D} = \varepsilon\mathfrak{E}$, wie im stationären Zustande.

Wir betrachten noch die Leistung des elektrischen Feldes an den Dipolen. Aus $(\mathfrak{E}\dot{\mathfrak{P}}) = 0$ an F folgt gemäß 29)

$$44)\quad \frac{\partial}{\partial t}(\mathfrak{E}\dot{\mathfrak{P}}) = -c(\mathfrak{n}, \operatorname{grad}(\mathfrak{E}\dot{\mathfrak{P}})) = (\dot{\mathfrak{E}}\dot{\mathfrak{P}}) = \left\{1-\left(\frac{c}{c_0}\right)^2\right\}\dot{\mathfrak{M}}^2 = \dot{\mathfrak{M}}^2 - \dot{\mathfrak{E}}^2.$$

Zwar wird in dem Augenblick, wo die Front einen Punkt erreicht, dort keine Leistung auf die Dipole übertragen, eben weil $\mathfrak{E} = 0$ ist, wohl aber im allgemeinen im nächsten Augenblick, denn es ist $(\dot{\mathfrak{E}}\dot{\mathfrak{P}}) \neq 0$. Im leeren Raume $(c = c_0)$ ist $\dot{\mathfrak{M}}^2 = \dot{\mathfrak{E}}^2$. In dem besetzten Mittel haben wir bei Unterlichtgeschwindigkeit

$$\frac{\partial}{\partial t}(\mathfrak{E}\dot{\mathfrak{P}}) > 0 \text{ und } \dot{\mathfrak{E}}^2 < \dot{\mathfrak{M}}^2,$$

und bei Überlichtgeschwindigkeit

$$\frac{\partial}{\partial t}(\mathfrak{E}\dot{\mathfrak{P}}) < 0 \text{ und } \dot{\mathfrak{E}}^2 > \dot{\mathfrak{M}}^2.$$

Bei Unterlichtgeschwindigkeit nehmen die unmittelbar hinter der Front befindlichen elektrischen Dipole Energie aus dem elektrischen Felde auf; die elektrische Energiedichte des Feldes wird gegenüber der magnetischen entsprechend herabgedrückt. Bei Überlichtgeschwindigkeit geben die Dipole im nächsten Augenblick Energie an das elektrische Feld ab; die elektrische Energiedichte wird gegenüber der des magnetischen Feldes erhöht (es ist sehr wohl möglich, daß diese Dipole in diesem Augenblick Energie abgeben können). In allen Fällen fließt Energie zur Front hin, wie Gl. 30) lehrt. Übrigens ist an F

45) $$\frac{\partial^2}{\partial t^2}(\mathfrak{E}\,\dot{\mathfrak{P}}) = -3\,\frac{\varrho}{m}(\mathfrak{E}\,\dot{\mathfrak{P}});\; \frac{\partial^3}{\partial t^3}(\mathfrak{E}\,\dot{\mathfrak{P}}) = +7\left(\frac{\varrho}{m}\right)^2(\mathfrak{E}\,\dot{\mathfrak{P}}) \text{ usw.}$$

Ferner ist die Energiegleichung $W + (\mathfrak{E}\,\dot{\mathfrak{P}}) = -\operatorname{div}\mathfrak{N}$ nebst ihren zeitlichen Ableitungen erfüllt.

An der Untersuchung von Herrn Sommerfeld mußte auffallen, daß sie auf das Verschwinden von $\dot{\mathfrak{P}}$ (in seiner Bezeichnung: von $\dot{\mathfrak{s}}$) führt. Daraus würde sich unmittelbar nach 21) $c = c_0$ ergeben. An einem Ort ($\mathfrak{r}$), der zur Zeit t von der Front erreicht wird, ist in Wahrheit im nächsten Augenblick $(t + dt)$ sowohl $\mathfrak{M}$ als auch $\mathfrak{E}$ — und damit auch $\dot{\mathfrak{P}}$ — von null verschieden. Wäre dagegen $\dot{\mathfrak{P}} = 0$, dann wäre es nach 34) auch $\ddot{\mathfrak{P}}$, dann würde in ($\mathfrak{r}$) erst nach drei Zeitelementen eine Polarisation vorhanden sein, während aber schon nach einem Zeitelement eine erregende Kraft $\mathfrak{E}$ da ist. Das ist aber unmöglich, wenn das geladene Teilchen beweglich ist, wie 32) voraussetzt. Damit ist ein anschaulicher Beweis geliefert, daß unmöglich $\dot{\mathfrak{P}} = 0$ sein kann an F. Analytisch haben uns diese Unmöglichkeit schon die Gl. 37) und 40) gelehrt. Auch würde sonst nach 31) rot $\mathfrak{P}$ verschwinden, während nach II) rot $\mathfrak{E} = -\dot{\mathfrak{M}}/c_0 \neq 0$ ist.

Aus unserer bisherigen Untersuchung lassen sich, wenn wir genauer zusehen, zwei allgemeine Sätze abziehen. Wir sehen, daß nicht nur $\mathfrak{M}$, sondern auch $\mathfrak{E}$ und $\mathfrak{P}$ an der Front stetig sind. Das führt dazu, daß, wie die magnetische Erregung $\mathfrak{D}_m$, so auch die elektrische

46) $$\mathfrak{D}_e = \mathfrak{E} + \mathfrak{P} = \varepsilon\,\mathfrak{E} - \frac{1}{\sigma}\left\{\varrho\,\dot{\mathfrak{P}} + m\,\ddot{\mathfrak{P}}\right\}$$

stetig ist, und damit weiter: wie die magnetische Spannung $\mathfrak{T}_m$ so auch die elektrische $\mathfrak{T}_e$. Es offenbaren sich uns damit zwei allgemeine Sätze, die jede Wellenausbreitung in einem stetigen Mittel beherrschen. Sie lauten: In jedem homogenen oder stetig inhomogenen Mittel sind überall 1) die Spannungen elektrischen wie magnetischen Ursprungs, $\mathfrak{T}_e$ und $\mathfrak{T}_m$, stetig, 2) die elektrischen sowie die magnetischen Felder, $\mathfrak{E}$ und $\mathfrak{M}$, stetig, und außerdem verschwinden ihre räumlichen Divergenzen. Die Felder $\mathfrak{E}$ und $\mathfrak{M}$ unterliegen sonach in der Materie denselben Nebenbedingungen wie im leeren Raume. Aus beiden Sätzen folgt, daß dann auch die Erregungen $\mathfrak{D}_e$ und $\mathfrak{D}_m$ stetig sind, und somit weiter auch die Polarisationen, $\mathfrak{P}_e$ und $\mathfrak{P}_m$, allgemein gesprochen. Deren Divergenzen verschwinden ebenfalls im Hinblick auf die Feldgleichungen.

Von Spannungsunterschieden herrührende bewegende Kräfte gibt es somit nicht in einem Mittel, in dem die Polarisationen in verschiedener Erregung sind, also außer- und innerhalb von Wellen, sondern nur an verschiedenen Mitteln; ebenso keine Ladungen. Die Feldlinien $\mathfrak{E}$ und $\mathfrak{M}$ sowie die Strahlungslinien $\mathfrak{R}$ erleiden an Fronten und Rücken keinen Knick, aber $\mathfrak{R}$ und $\dot{\mathfrak{R}} = -c\,(\mathfrak{n}\,\nabla)\,(\mathfrak{R} - \mathfrak{R}_0)$ sind im allgemeinen nicht normal zu F gerichtet.

Mit diesen Sätzen — und nur mit diesen — läßt sich der allgemeine Fall der Wellenein- und -absätze wie folgt erledigen, wobei zu beachten ist, daß im allgemeinen $\mathfrak{E}$ nicht nur Ursache sondern auch Wirkung von $\mathfrak{P}$ sein kann; Gl. 32) ist nicht nur eine Erzeugungsgleichung für $\mathfrak{P}$ sondern auch für $\mathfrak{E}$.

B. Feldeinrollung an der Front und Feldausrollung am Rücken einer freien Welle. Die andere Möglichkeit der Wellenerzeugung besteht darin, daß die Ladungen und Kräfte, welche den statischen oder stationären Zustand erhalten, selbst sich plötzlich ändern oder verschieben, worunter auch gehört, daß das Spannungsfeld $(\mathfrak{T}_e;\ \mathfrak{T}_m)$ an einer Stelle zusammenbricht. Dann breitet sich von dem Störungsgebiet aus eine Welle aus, die das stationäre Feld vor sich einrollt. Dann herrscht vor der Front dieser Welle das Feld $(\mathfrak{M}_0;\ \mathfrak{E}_0;\ \mathfrak{P}_0)$. Unsere allgemeinen Sätze verlangen

$$\text{47)} \qquad \operatorname{div} \mathfrak{M} = 0 = \operatorname{div} \mathfrak{E} = \operatorname{div} \mathfrak{P}$$

$$\text{48)} \qquad \mathfrak{M} - \mathfrak{M}_0 = 0 = \mathfrak{E} - \mathfrak{E}_0 = \mathfrak{P} - \mathfrak{P}_0$$

und die Feldgleichungen

$$\text{49)} \qquad (\dot{\mathfrak{M}}\,\mathfrak{n}) = 0 = (\dot{\mathfrak{E}}\,\mathfrak{n}) = (\dot{\mathfrak{P}}\,\mathfrak{n}).$$

Mit 47) und 48) fließt aus dem Satz 6) § 3 $\dot{\mathfrak{M}} = c\,[\mathfrak{n}, \operatorname{rot}(\mathfrak{M} - \mathfrak{M}_0)] = c\,[\mathfrak{n}, \operatorname{rot} \mathfrak{M}]$, also im Hinblick auf die Feldgleichung I

$$\text{50)} \qquad \dot{\mathfrak{E}} + \dot{\mathfrak{P}} = \frac{c_0}{c}\,[\dot{\mathfrak{M}}\,\mathfrak{n}];$$

ferner im Hinblick auf die Feldgleichung II

$$\text{51)} \qquad \dot{\mathfrak{E}} = c\,[\mathfrak{n}, \operatorname{rot}(\mathfrak{E} - \mathfrak{E}_0)] = \frac{c}{c_0}\,[\dot{\mathfrak{M}}\,\mathfrak{n}],$$

so daß

52) $$\dot{\mathfrak{P}} = \left\{ \left(\frac{c_0}{c} \right)^2 - 1 \right\} \dot{\mathfrak{E}}.$$

Da weiter

$$\mathfrak{P}_0 = (\varepsilon - 1)\,\mathfrak{E}_0 = \mathfrak{P} = (\varepsilon - 1)\,\mathfrak{E},$$

so erhält man wie früher die Beziehungen 34) bis 45); darunter wieder

53) $$c = \frac{c_0}{\sqrt{\varepsilon}}.$$

Von dem Augenblick an, wo die äußere Störung aufhört, die äußere Energiezufuhr stoppt, kurz, die Wellenquelle versiecht ist, hört auch die Entsendung eines ($\mathfrak{E}$; $\mathfrak{M}$) Feldes auf, d. h. es existiert eine Fläche F_r — wir wollen sie Wellenrücken nennen —, hinter welcher sich wieder ein stationäres Feld ($\mathfrak{E}_0$; $\mathfrak{M}_0$) anschließt, das sich von der versiechten Störungsquelle bis zum Wellenrücken ausrollt und das nach den Feldgleichungen auch eine stationäre Polarisation $\mathfrak{P}_0$ verlangt. Darüber jedoch kann sich in der Elektronentheorie, die im Gegensatz zu der Maxwellschen gemäß 46) keinen unveränderlichen Zusammenhang zwischen der Erregung $\mathfrak{D}_e$ und dem Kraftfelde $\mathfrak{E}$ kennt, noch ein veränderliches Feld ($\mathfrak{p}$; $\mathfrak{e}$; $\mathfrak{m}$) überlagern. Denn an dem bewegten Wellenrücken werden von $\mathfrak{E}$ andauernd Dipole frei gelassen, so daß hinter dem Rücken die Dipole erst mit der Zeit abklingen. Dies Feld ist eine Überlagerung zahlreicher Miniaturwellen, wobei benachbarte Dipole durch ihre Wellenfelder aufeinander einwirken. Was die Rückengeschwindigkeit anbelangt, so stößt man — die Gl. 34) erweiternd — auf demselben Wege schließlich wieder auf unsere Hauptbeziehung 53).

Der Fall A läßt sich, wie man sieht, dem Falle B formal unterordnen, indem man lediglich $\mathfrak{M}_0$, $\mathfrak{E}_0$, $\mathfrak{P}_0$ gleich null setzt. Gibt es mehrere Störungsquellen des stationären Feldes, dann gilt innerhalb des Interferenzgebietes ihrer ausgesandten Wellen der Unterfall A.

5. Die Front- und Rückengeschwindigkeit einer freien elektromagnetischen Welle in bewegter Materie nach der Elektrodynamik von Minkowski

Das Induktionsschema und eine Folgerung daraus für die Front. Es bezeichne im Heaviside-Lorentzschen Maßsystem $\mathfrak{E}$; $\mathfrak{M}$ die elektrische bzw. magnetische Feldstärke, $\mathfrak{D}_e$; $\mathfrak{D}_m$ die bezüglichen Erregungen, $\mathfrak{F}_e$; $\mathfrak{F}_m$ die bezüglichen Kräfte auf Einheitspole, $\mathfrak{J}$ den elektrischen Strom und c_0 die Geschwindigkeit der freien Welle im

Vakuum. Damit nimmt das allgemeine »Induktionsschema«, das die Grundlage aller bisherigen Elektrodynamiken bildet, die Form an

$$\frac{d}{dt}\int(d\mathfrak{f}, \mathfrak{D}_e) + \int(d\mathfrak{f}, \mathfrak{J}) = c_0 \oint(d\mathfrak{r}, \mathfrak{F}_m)$$

$$-\frac{d}{dt}\int(d\mathfrak{f}, \mathfrak{D}_m) = c_0 \oint(d\mathfrak{r}, \mathfrak{F}_e).$$

An einer Wellenfront F, die in einem bewegten Mittel ein Störungsfeld von einem störungsfreien Felde scheidet, welch letzterem wir den Zeiger 0 geben, liefert das Induktionsschema, angewandt auf ein unendlich schmales, mit seiner Ebene parallel zur Normale $\mathfrak{n}$ von F liegendes Flächenelement, das von der Front F geschnitten wird,

F) $$\mathfrak{F}_{et} = \mathfrak{F}_{e0t}; \quad \mathfrak{F}_{mt} = \mathfrak{F}_{m0t},$$

wenn der Zeiger t die Tangentialkomponente anzeigt.

Es sind nun zwei Fälle möglich:

A. Wellenüberlagerung: es kann die Welle über ein störungsfreies, quasi-stationäres Feld hinweglaufen. Dann ist dieses für die Welle nicht vorhanden. B. Welleneinrollung: es können auch Ladungen und Kräfte, welche den statischen oder stationären Zustand erhalten, selbst sich plötzlich ändern oder verschieben, worunter auch gehört, daß das Spannungsfeld an einer Stelle zusammenbricht. Dann breitet sich von dem Störungsgebiet aus eine Welle aus, die das quasi-stationäre Feld vor sich einrollt.

Wir wollen hier nur den Wellenlauf durch ein bewegtes, feldfreies Mittel behandeln. Dann ist

Fa) $$\mathfrak{E}_0 = 0 = \mathfrak{M}_0; \quad \mathfrak{D}_{e0} = 0 = \mathfrak{D}_{m0}; \quad \mathfrak{F}_{e0} = 0 = \mathfrak{F}_{m0}.$$

In unserer Analyse stützen wir uns auf einige allgemeine Feldsätze, die wir im vorangehenden Abschnitt 3 entwickelt haben. Diese Sätze gelten auch, wenn die Fläche aus Dingpunkten besteht, an denen irgendeine betrachtete Größe haftend gedacht wird, und jeder der Dingpunkte sich schräg zur Normale $\mathfrak{n}$ mit einer gewissen Geschwindigkeit verschiebt. Dann ist $c\mathfrak{n}$ die Normalkomponente dieser dinglichen Geschwindigkeit; ihre andere Komponente ist mit keinem Beitrag zu unseren Sätzen verbunden, weil die betrachtete Größe an F dauernd verschwinden soll. Mit unseren Feldsätzen führen wir Raumdifferentiationen in Zeitdifferentiationen über.

Die Frontgeschwindigkeit nach der Elektrodynamik von Minkowski. In ihr, die gekennzeichnet ist durch

$$\left\{\begin{matrix}\text{Maxwell}\\ \text{Lorentz}\end{matrix}\right\}\begin{matrix}\rightarrow\\ \leftarrow\end{matrix}(\text{Lorentz-Einstein})\begin{matrix}\rightarrow\\ \leftarrow\end{matrix}\left\{\text{Minkowski}\right\},$$

lauten die »Induktionsgleichungen« für ein Feld ohne Ladungen

$$\text{I) II)} \qquad \mathfrak{J} + \dot{\mathfrak{D}}_e = c_0 \operatorname{rot} \mathfrak{M}; \qquad \dot{\mathfrak{D}}_m = - c_0 \operatorname{rot} \mathfrak{E};$$

$$\text{III) IV)} \qquad \operatorname{div} \mathfrak{D}_e = 0; \qquad \operatorname{div} \mathfrak{D}_m = 0$$

mit den »Verknüpfungsgleichungen«

$$\text{1) 2)} \qquad \mathfrak{D}_e = \varepsilon \mathfrak{F}_e - \left[\frac{\mathfrak{u}}{c_0} \mathfrak{M}\right]; \qquad \mathfrak{F}_e = \mathfrak{E} + \left[\frac{\mathfrak{u}}{c_0} \mathfrak{D}_m\right];$$

$$\text{3) 4)} \qquad \mathfrak{D}_m = \mu \mathfrak{F}_m + \left[\frac{\mathfrak{u}}{c_0} \mathfrak{E}\right]; \qquad \mathfrak{F}_m = \mathfrak{M} - \left[\frac{\mathfrak{u}}{c_0} \mathfrak{D}_e\right].$$

In beiden Gleichungssystemen tritt $\sqrt{1 - u^2/c_0^2}$ nicht auf. Eine Grenzgeschwindigkeit $u = c_0$ kann also nur von außen hineingetragen werden, so sollte man meinen. Die Erregungsbeiwerte ε und μ könnten formal auch negativ zugelassen werden, doch ließe dies die Ausbreitungsgeschwindigkeitsformel nicht zu; Werte kleiner als eins sind bekannt.

Es sei das Mittel ohne Leitfähigkeit ($\mathfrak{J} = 0$) und die Geschwindigkeit des Mittels $\mathfrak{u} = \text{const.}$

Aus den Verknüpfungsgleichungen entnehmen wir

$$\text{5)} \qquad \left(1 - \frac{u^2}{c_0^2}\right) \mathfrak{D}_e = \varepsilon \left\{\mathfrak{F}_e - \left(\mathfrak{F}_e \frac{\mathfrak{u}}{c_0}\right) \frac{\mathfrak{u}}{c_0}\right\} - \left[\frac{\mathfrak{u}}{c_0} \mathfrak{F}_m\right]$$

$$\text{6)} \qquad \left(1 - \frac{u^2}{c_0^2}\right) \mathfrak{D}_m = \mu \left\{\mathfrak{F}_m - \left(\mathfrak{F}_m \frac{\mathfrak{u}}{c_0}\right) \frac{\mathfrak{u}}{c_0}\right\} + \left[\frac{\mathfrak{u}}{c_0} \mathfrak{F}_e\right],$$

$$\text{7)} \qquad \begin{matrix} \text{weil} \quad (\mathfrak{D}_e \mathfrak{u}) = \varepsilon (\mathfrak{F}_e \mathfrak{u}) = \varepsilon (\mathfrak{E} \mathfrak{u}) \\ (\mathfrak{D}_m \mathfrak{u}) = \mu (\mathfrak{F}_m \mathfrak{u}) = \mu (\mathfrak{M} \mathfrak{u}). \end{matrix}$$

Weil nun nach F) die Feldgrößen $\mathfrak{F}_{et}$ und $\mathfrak{F}_{mt}$ stetig sind an F, so hat man demnach dort

$$\text{8)} \qquad \left\{\begin{matrix} \left(1 - \frac{u^2}{c_0^2}\right) (\mathfrak{D}_e - \mathfrak{D}_{e0}, \mathfrak{u}) = \varepsilon \left\{1 - \frac{(\mathfrak{u}\mathfrak{n})^2}{c_0^2}\right\} (\mathfrak{F}_e - \mathfrak{F}_{e0}, \mathfrak{u}) \\ \left(1 - \frac{u^2}{c_0^2}\right) (\mathfrak{D}_m - \mathfrak{D}_{m0}, \mathfrak{u}) = \mu \left\{1 - \frac{(\mathfrak{u}\mathfrak{n})^2}{c_0^2}\right\} (\mathfrak{F}_m - \mathfrak{F}_{m0}, \mathfrak{u}) \end{matrix}\right.$$

Also sind an F, weil dort keine Flächenladungen hervortreten können,

$$\text{9)} \qquad \mathfrak{F}_e = \mathfrak{F}_{e0}; \quad \mathfrak{F}_m = \mathfrak{F}_{m0}$$

und somit nach 5) und 6) auch

10) $$\mathfrak{D}_e = \mathfrak{D}_{e0}; \quad \mathfrak{D}_m = \mathfrak{D}_{m0}$$

und schließlich wegen 1) bis 4)

11) $$\mathfrak{E} = \mathfrak{E}_0; \qquad \mathfrak{M} = \mathfrak{M}_0.$$

Die Energieströmung wird gemessen durch

12) $$\mathfrak{R} = c_0 \left\{ \left[\mathfrak{E}, \mathfrak{M} \right] + \left(\frac{\mathfrak{u}}{c_0} \frac{[\mathfrak{E}\,\mathfrak{M}] - [\mathfrak{D}_e\,\mathfrak{D}_m]}{1 - u^2/c_0^2} \right) \frac{\mathfrak{u}}{c_0} \right\};$$

sie ist mithin auch an F stetig. Ebenso sind stetig die Spannungen $\mathfrak{T}_e$ und $\mathfrak{T}_m$. Nach Aufstellung dieser allgemeinen Beziehungen wollen wir weiterhin nur den Wellenlauf durch ein bewegtes feldfreies Mittel behandeln. Dann gelten die Beziehungen Fa),

13) sodaß an F auch $\mathfrak{R} = 0$; $\mathfrak{T}_e = 0 = \mathfrak{T}_m$.

Mit diesen Beziehungen folgt aus III) und IV) sowie nach dem Satz 6) in § 3

14) 15) $$(\dot{\mathfrak{D}}_e\,\mathfrak{n}) = 0; \qquad (\dot{\mathfrak{D}}_m\,\mathfrak{n}) = 0$$

sowie

16) $$\dot{\mathfrak{D}}_e = c\,[\mathfrak{n}\,\mathrm{rot}\,\mathfrak{D}_e];$$

17) $$\dot{\mathfrak{D}}_m = c\,[\mathfrak{n}\,\mathrm{rot}\,\mathfrak{D}_m].$$ Weiter aus $[\mathfrak{u}\,\mathfrak{D}_e] = 0$,

$$[\mathfrak{u}\,\dot{\mathfrak{D}}_e] + c\,\mathrm{div}\,[\mathfrak{u}\,\mathfrak{D}_e]\cdot\mathfrak{n} = c\,[\mathfrak{n}\,\mathrm{rot}\,[\mathfrak{u}\,\mathfrak{D}_e]],$$

so daß mit Rücksicht auf 14) nach tangentialer und normaler Zerlegung

18) $$\mathrm{rot}\,[\mathfrak{u}\,\mathfrak{D}_e] = \dot{\mathfrak{D}}_e\,(\mathfrak{u}\,\mathfrak{n})/c;$$

entsprechend

19) $$\mathrm{rot}\,[\mathfrak{u}\,\mathfrak{D}_m] = \dot{\mathfrak{D}}_m\,(\mathfrak{u}\,\mathfrak{n})/c$$

mit Rücksicht auf 15).

Aus 1) und 2) kommt somit wegen II) und 19)

20) $$\mathrm{rot}\,\mathfrak{D}_e = \varepsilon\,\mathrm{rot}\,\mathfrak{F}_e - \frac{1}{c_0}\,\mathrm{rot}\,[\mathfrak{u}\,\mathfrak{M}]$$

21) $$\mathrm{rot}\,\mathfrak{F}_e = -\frac{1}{c_0}\,\dot{\mathfrak{D}}_m + \frac{1}{c_0}\frac{(\mathfrak{u}\,\mathfrak{n})}{c}\,\dot{\mathfrak{D}}_m.$$

Aus den Verknüpfungsgleichungen 1) bis 4) erhalten wir mit Rücksicht auf 7) allgemein

22) $$\left\{ \begin{aligned} \left\{1 - \frac{1}{\varepsilon\mu}\frac{\mathfrak{u}^2}{c_0^2}\right\}\mu\,\mathfrak{M} &= \left\{1 - \frac{\mathfrak{u}^2}{c_0^2}\right\}\mathfrak{D}_m + \left\{1 - \frac{1}{\varepsilon\mu}\right\}\mu\left[\frac{\mathfrak{u}}{c_0}\,\mathfrak{D}_e\right] \\ &\quad + \left\{1 - \frac{1}{\varepsilon\mu}\right\}\left(\mathfrak{D}_m\,\frac{\mathfrak{u}}{c_0}\right)\frac{\mathfrak{u}}{c_0}; \end{aligned} \right.$$

$$23)\quad \begin{cases} \left\{1-\frac{1}{\varepsilon\mu}\frac{\mathfrak{u}^2}{c_0^2}\right\}\varepsilon\mathfrak{E}=\left\{1-\frac{\mathfrak{u}^2}{c_0^2}\right\}\mathfrak{D}_e-\left\{1-\frac{1}{\varepsilon\mu}\right\}\varepsilon\left[\frac{\mathfrak{u}}{c_0}\mathfrak{D}_m\right] \\ \qquad +\left\{1-\frac{1}{\varepsilon\mu}\right\}\left(\mathfrak{D}_e\frac{\mathfrak{u}}{c_0}\right)\frac{\mathfrak{u}}{c_0}. \end{cases}$$

Da nun weiter entsprechend 18) an F

$$24)\quad \operatorname{rot}\left[\mathfrak{u}\left[\mathfrak{u}\,\mathfrak{D}_e\right]\right]=(\mathfrak{u}\,\mathfrak{n})\left[\frac{\mathfrak{u}}{c}\dot{\mathfrak{D}}_e\right]+(\dot{\mathfrak{D}}_e[\mathfrak{u}\,\mathfrak{n}])\frac{\mathfrak{u}}{c},$$

so erhalten wir aus 22) mit 19)

$$25)\quad \begin{cases} \left\{1-\frac{1}{\varepsilon\mu}\frac{\mathfrak{u}^2}{c_0^2}\right\}\mu\operatorname{rot}\left[\mathfrak{u}\,\mathfrak{M}\right]=\left\{1-\frac{\mathfrak{u}^2}{c_0^2}\right\}\frac{(\mathfrak{u}\,\mathfrak{n})}{c}\dot{\mathfrak{D}}_m \\ +\left\{1-\frac{1}{\varepsilon\mu}\right\}\frac{\mu}{c}\left\{(\mathfrak{u}\,\mathfrak{n})\left[\frac{\mathfrak{u}}{c_0}\dot{\mathfrak{D}}_e\right]+(\dot{\mathfrak{D}}_e[\mathfrak{u}\,\mathfrak{n}])\frac{\mathfrak{u}}{c_0}\right\}; \end{cases}$$

so daß nun nach 20) und 21)

$$26)\quad \begin{cases} \operatorname{rot}\mathfrak{D}_e=-\varepsilon\left\{1-\frac{(\mathfrak{u}\,\mathfrak{n})}{c}+\frac{1}{\varepsilon\mu}\frac{1-\frac{u^2}{c_0^2}}{1-\frac{1}{\varepsilon\mu}\frac{u^2}{c_0^2}}\cdot\frac{(\mathfrak{u}\,\mathfrak{n})}{c}\right\}\frac{\dot{\mathfrak{D}}_m}{c_0} \\ \qquad -\frac{1}{c}\frac{1-\frac{1}{\varepsilon\mu}}{1-\frac{1}{\varepsilon\mu}\frac{u^2}{c_0^2}}\left\{\frac{(\mathfrak{u}\,\mathfrak{n})}{c_0}\left[\frac{\mathfrak{u}}{c_0}\dot{\mathfrak{D}}_e\right]+\left(\dot{\mathfrak{D}}_e\left[\frac{\mathfrak{u}\,\mathfrak{n}}{c_0}\right]\right)\frac{\mathfrak{u}}{c_0}\right\}. \end{cases}$$

Damit geht nun endlich 16) im Hinblick auf 14) über in

$$27)\quad \begin{cases} \sigma\dot{\mathfrak{D}}_e=\varepsilon\hat{c}\left[\dot{\mathfrak{D}}_m\,\mathfrak{n}\right]+\tau(\dot{\mathfrak{D}}_e[\mathfrak{u}\,\mathfrak{n}])[\mathfrak{u}\,\mathfrak{n}] \\ \text{mit}\quad \hat{c}=c-\frac{\varepsilon\mu-1}{\varepsilon\mu-u^2/c_0^2}\cdot(\mathfrak{u}\,\mathfrak{n}) \\ \sigma=c_0\left\{1-\frac{\varepsilon\mu-1}{\varepsilon\mu-u^2/c_0^2}\frac{(\mathfrak{u}\,\mathfrak{n})^2}{c_0^2}\right\} \\ \tau=\frac{1}{c_0}\cdot\frac{\varepsilon\mu-1}{\varepsilon\mu-u^2/c_0^2}=\frac{f}{c_0}. \end{cases}$$

Auf demselben Wege gelangen wir von 17) aus auch zu

$$28)\quad \sigma\dot{\mathfrak{D}}_m=-\mu\hat{c}\left[\dot{\mathfrak{D}}_e\,\mathfrak{n}\right]+\tau(\dot{\mathfrak{D}}_m[\mathfrak{u}\,\mathfrak{n}])[\mathfrak{u}\,\mathfrak{n}].$$

Zunächst ergibt sich hieraus

$$29)\quad \sigma(\dot{\mathfrak{D}}_e\dot{\mathfrak{D}}_m)=\tau(\dot{\mathfrak{D}}_e[\mathfrak{u}\,\mathfrak{n}])(\dot{\mathfrak{D}}_m[\mathfrak{u}\,\mathfrak{n}]);$$

$$30)\quad \sigma(\dot{\mathfrak{D}}_e\,\mathfrak{u})=-\varepsilon\hat{c}(\dot{\mathfrak{D}}_m[\mathfrak{u}\,\mathfrak{n}]);$$

$$31)\quad \sigma(\dot{\mathfrak{D}}_m\,\mathfrak{u})=+\mu\hat{c}(\dot{\mathfrak{D}}_e[\mathfrak{u}\,\mathfrak{n}]).$$

Während bei Lorentz und Abraham $\dot{\mathfrak{D}}_e$ und $\dot{\mathfrak{D}}_m$ stets senkrecht zueinander orientiert sind, wäre dies nach Minkowski nur möglich, wenn der eine oder der andere Vektor parallel oder antiparallel zu $\mathfrak{u}$ läge.

Benutzen wir die beiden letzten Beziehungen, wenn wir mit 27) und 28) $\dot{\mathfrak{D}}_e$ und $\dot{\mathfrak{D}}_m$ trennen, so kommt

$$32)\qquad \frac{\sigma^2 - \varepsilon\,\mu\,\hat{c}^2}{\sigma\,\tau}\cdot\dot{\mathfrak{D}}_e = (\dot{\mathfrak{D}}_e\,\mathfrak{u}_t)\,\mathfrak{u}_t + (\dot{\mathfrak{D}}_e\,[\mathfrak{u}\,\mathfrak{n}])\,[\mathfrak{u}\,\mathfrak{n}] = \mathfrak{u}_t^2\cdot\dot{\mathfrak{D}}_e$$

$$33)\qquad \frac{\sigma^2 - \varepsilon\,\mu\,\hat{c}^2}{\sigma\,\tau}\cdot\dot{\mathfrak{D}}_m = (\dot{\mathfrak{D}}_m\,\mathfrak{u}_t)\,\mathfrak{u}_t + (\dot{\mathfrak{D}}_m\,[\mathfrak{u}\,\mathfrak{n}])\,[\mathfrak{u}\,\mathfrak{n}] = \mathfrak{u}_t^2\cdot\dot{\mathfrak{D}}_m.$$

Aus beiden Beziehungen gewinnen wir die Gipfelgleichung

$$\varepsilon\,\mu\,\hat{c}^2 = \sigma\,(\sigma - \tau\,\mathfrak{u}_t^2),$$

somit

$$34)\qquad \hat{c} = c - \mathfrak{f}\,(\mathfrak{u}\,\mathfrak{n}) = \sqrt{\sigma\,(\sigma - \tau\,\mathfrak{u}_t^2) : (\varepsilon\,\mu)}.$$

Das ist, wie wir später erkennen werden, der Betrag der Relativgeschwindigkeit des Wellenfrontelementes in bezug auf das Radiationsgebiet R, des wandernden Gebietes, von wo die Wellenfront herzukommen scheint, aber gemessen mit den Maßstäben unseres Bezugsystems. Nach Einsetzung der Werte in den Abkürzungen unter 27) kommt, indem wir jetzt methodischer c_n statt c setzen,

$$34\text{a)}\ (\text{Minkowski})\qquad \mathfrak{c}_n = c_n\,\mathfrak{n} = \sqrt{1 - f\frac{(\mathfrak{u}\,\mathfrak{n})^2}{c_0^2}}\cdot\sqrt{1 - f\frac{\mathfrak{u}^2}{c_0^2}}\cdot\frac{c_0}{\sqrt{\varepsilon\,\mu}}\cdot\mathfrak{n}$$
$$+ f\,(\mathfrak{u}\,\mathfrak{n})\,\mathfrak{n} = \hat{\mathfrak{c}} + (\mathfrak{c}^R\,\mathfrak{n})\,\mathfrak{n}.$$

Ist $\mathfrak{u} = 0$, so wird $c = c_0/\sqrt{\varepsilon\mu}$, woraus zu erkennen ist, daß alle Wurzeln absolut zu nehmen sind, und daß ε und μ nur positive Werte haben können.

Ist das Mittel das Vakuum ($\varepsilon = 1 = \mu$), so ist $c_n = c_0$, auch wenn $\mathfrak{u} \neq 0$. Ist hingegen $\varepsilon\mu \neq 1$, so ist die Frontgeschwindigkeit $c_n \neq c_0$ und zweigliederig; ferner erweist sie sich als sehr verwickelt abhängig von den Eigenschaften des Mittels sowie aber auch von seiner Bewegung $\mathfrak{u}$ und der Richtung der Wellennormale $\mathfrak{n}$ — im starken Gegensatz zur heutigen, bisher nicht nachgeprüften Meinung, die auf eine hypothetische Forderung zurückgeht, von der wir bereits wissen, daß sie nicht aufrechterhalten werden kann.

Für die Auslegung der Frontgeschwindigkeitsformel 34a) genügt es, eine punktförmige und punktsymmetrische Quelle vorauszusetzen sowie einen augenblicklichen Wellenimpuls zur Zeit $t = 0$. Dann läßt sich die ganze Wellenfront — ihre Gestalt, Ausdehnung und Verschiebung — leicht bestimmen, indem wir uns der Geschwindigkeitsrose bedienen, wie sie in 34a) niedergelegt ist; hierzu die Abb. 5 und 8 (S. 19).

Die augenblickliche Front scheint von der augenblicklichen Lage eines wandernden Punktes ausgelaufen zu sein. Dieser Ausstrahlungs- oder Radiationspunkt R wandert mit der konstanten Geschwindigkeit

35) $$\mathfrak{c}^R = \frac{\varepsilon\mu - 1}{\varepsilon\mu - \mathfrak{u}^2/c_0^2} \cdot \mathfrak{u} = \frac{1 - \frac{1}{\varepsilon\mu}}{1 - \frac{1}{\varepsilon\mu}\frac{\mathfrak{u}^2}{c_0^2}} \cdot \mathfrak{u} = f \cdot \mathfrak{u},$$

die wir Radiationsgeschwindigkeit nennen wollen. In bezug auf R hat jedes Element ($\mathfrak{n}$) der Wellenfront eine Relativgeschwindigkeit $\hat{\mathfrak{c}}$, deren Betrag durch das erste Glied in 34a) gegeben ist, weil für R als Bezugsort $\mathfrak{c}^R = 0$ zu setzen ist. Sie ist selbstverständlich ebenfalls mit den Raum- und Zeitmaßstäben unseres Bezugsystems gemessen. Aus dieser Teilgeschwindigkeitsrose ergibt sich durch Multiplikation mit der Zeit t die Frontfläche $\hat{\mathfrak{c}}t =$ const. Sie ist von ovalsymmetrischer Gestalt im Gegensatz zur Theorie von Hertz, in der $c = c_0/\sqrt{\varepsilon\mu}$, und infolgedessen Kugelflächen auftreten; siehe Abb. 5a und 5b. Je nachdem der Fresnel-Faktor f positiv oder negativ, also die Radiationsgeschwindigkeit mit der des Mittels gleich- oder entgegengerichtet ist, liegt ihr kürzerer bzw. längerer Durchmesser parallel der Bewegungsrichtung $\mathfrak{u}$ des Mittels, so daß die Ausbreitung quer zu $\mathfrak{u}$ rascher bzw. langsamer erfolgt als parallel und antiparallel zu $\mathfrak{u}$. Was die Größe der Frontfläche anbelangt, so ist sie gegenüber der gleichzeitigen Hertzschen Kugelfläche im ersten Falle verkleinert, im zweiten Falle vergrößert, d. h. die Ausbreitung geht langsamer bzw. rascher vor sich als nach Hertz.

Im Vakuum ($\varepsilon = 1 = \mu$) verschwindet der Fresnel-Faktor f, ist deshalb $c^R = 0$ und $\hat{c} = c_0$. Der Radiationspunkt wandert für uns in dem sich für uns bewegenden reinen Äther nicht, und die Wellenausbreitung geht in konzentrischen Kugelflächen ohne Fresnel-Effekt mit Vakuumgeschwindigkeit vor sich. Es bleibt aber noch offen von welchem Standpunkt des Beobachters aus; siehe § 7.

Mit der Frontgeschwindigkeit c_n vergleiche man die Phasengeschwindigkeit C_n innerhalb einer einfachen, permanent schwingenden Sinuswelle parallel der Wellennormale, die in erster Annäherung den Wert hat [45]

$$C_n = \frac{c_0}{\sqrt{\varepsilon\mu}} + \frac{\varepsilon\mu - 1}{\varepsilon\mu}(\mathfrak{u}\,\mathfrak{n}). \tag{36}$$

Wir sehen im Vergleich mit 34a): für kleine Werte von u/c_0 wird c_n mit C_n identisch, während nach der bisherigen Meinung ein erheblicher Unterschied bestehen kann.

Die Reellität der Wurzeln in 34a) verlangt, daß stets

$$f \cdot \frac{\mathfrak{u}^2}{c_0{}^2} = \frac{\varepsilon\mu - 1}{\varepsilon\mu\, c_0{}^2/\mathfrak{u}^2 - 1} \leqq 1 \text{ sei.} \tag{37}$$

Falls somit

a) $\varepsilon\mu\, c_0{}^2/u^2 - 1 > 0$, also $u < c_0 \cdot \sqrt{\varepsilon\mu}$ ist, muß sein
$\varepsilon\mu - 1 < \varepsilon\mu\, c_0{}^2/u^2 - 1$, mithin $u < c_0$;

b) $\varepsilon\mu\, c_0{}^2/u^2 - 1 < 0$, also falls $u > c_0 \cdot \sqrt{\varepsilon\mu}$, muß sein
$\varepsilon\mu - 1 > \varepsilon\mu\, c_0{}^2/u^2 - 1$, mithin $u > c_0$.

Es muß sonach im Falle a) bei Werten von $\varepsilon\mu$, die größer sind als 1, wodurch $c_0 \cdot \sqrt{\varepsilon\mu} > c_0$ ausfällt, u sowohl kleiner sein als $c_0 \cdot \sqrt{\varepsilon\mu} > c_0$ als auch kleiner als das kleinere c_0, also $0 < u < c_0$ sein; bei Werten von $\varepsilon\mu$, die kleiner sind als 1, dagegen $0 < u < c_0 \cdot \sqrt{\varepsilon\mu}$. Und im Falle b) finden wir auf gleiche Weise bei $\varepsilon\mu > 1 : u > c_0 \sqrt{\varepsilon\mu}$; bei $\varepsilon\mu < 1 : u > c_0$.

Das heißt aber

für $\varepsilon\mu > 1$ ist $c_0 < u < c_0 \cdot \sqrt{\varepsilon\mu}$ unmöglich,
für $\varepsilon\mu < 1$ ist $c_0 \cdot \sqrt{\varepsilon\mu} < u < c_0$ unmöglich,

während außerhalb dieser Intervalle u alle positiven Werte annehmen kann. Das unmögliche Gebiet liegt bei verschiedenen Mitteln verschieden und ist verschieden breit; siehe Abb. 8a und 8b. Diese Tatsache und die weitere, daß dies Gebiet im Endlichen liegt, daß somit jenseits desselben wieder Möglichkeiten auftreten, machen es uns unmöglich, diese Feldgleichungen als Beschreibung eines Naturgeschehens gelten zu lassen.

Erwähnt sei noch folgendes. In dem Grenzfalle ($u = c_0$), wo $\mathfrak{c}^R = \mathfrak{u}$ und $\hat{\mathfrak{c}} = 0$, und in dem andern Grenzfalle ($u = c_0 \cdot \sqrt{\varepsilon\mu}$), wo $\mathfrak{c}^R = -\infty$; $\hat{\mathfrak{c}} = \infty$, ist nach 22) und 23) das Feld unendlich stark. — In der Hertzschen Theorie ist $\mathfrak{c}^R = \mathfrak{u}$. In der vorliegenden hingegen ist der Fresnel-Faktor f nach 35) nicht 1 sondern $(\varepsilon\mu - 1) : (\varepsilon\mu - u^2/c_0^2)$. Entsprechend 37) muß er zwar kleiner sein als c_0^2/u^2, doch ist nicht gesagt, daß er nicht negativ sein dürfe. Die Reellität der Wurzeln in 34a) beschränkt also sowohl $\hat{\mathfrak{c}}$ wie auch $\mathfrak{c}^R$. Demnach wächst der Fresnelfaktor f bei Körpern mit $\varepsilon\mu > 1$ von $1 - 1/\varepsilon\mu$ bei $(u = 0)$ bis zum Werte 1 bei $(u = c_0)$; in diesem Gebiete rückt der Radiationspunkt R dem Quellpunkt Q nach. Im Gebiet $(c_0 \sqrt{\varepsilon\mu} < u < \infty)$ steigt er von $-\infty$ bis zum Werte 0; in diesem Gebiete rückt R von Q ab. Bei Körpern mit $\varepsilon\mu < 1$ fällt f im Gebiete $(0 < u < c_0 \sqrt{\varepsilon\mu})$ von $1 - 1/\varepsilon\mu$ herab bis auf $-\infty$; in diesem Gebiete findet ein Abrücken von R gegenüber Q statt. Im Gebiete $(c_0 < u < \infty)$ dagegen, wo f von 1 auf 0 herabfällt, haben wir wieder ein Nachrücken von R. Die Feldgleichungen von Minkowski nötigen uns die Deutung als »Mitführung der Welle seitens des Mittels« fallen zu lassen.

6. Das Grundgesetz der Ausbreitung irgendwelcher Natur bei ruhender Quelle in irgendwelchem bewegten Mittel

Betrachten wir die Abb. 1 (S. 15) der Geschwindigkeitsverteilung an einer Wellenfront, die uns die Formel

$$\text{I)} \qquad \mathfrak{c}_{n\,Q_0} = \hat{\mathfrak{c}} + (\mathfrak{c}^R_{Q_0}\mathfrak{n})\,\mathfrak{n} \qquad \mathfrak{c}^R_{Q_0} = f \cdot \mathfrak{u}$$

— den Zeiger Q_0 begründen wir später — für eine punktsymmetrische Quelle liefert, gewonnen aus der strengen und spekulationslosen Analyse verschiedener elektrodynamischer Feldgleichungen bei Wellenlauf durch ein unveränderliches Feld hindurch, wobei Feld und Welle sich gegenseitig unbeeinflußt lassen und beurteilt von einem Bezugsystem Σ, in welchem das Mittel die scheinbar beliebige, konstante Geschwindigkeit $\mathfrak{u}$ hat, so meinen wir zu erkennen, daß wir dieses Bild auch aus unseren anschaulichen Erfahrungen heraus für eine Welle irgendwelcher Natur hätten gewinnen und aus ihm das Frontausbreitungsgesetz I als ein formales Gesetz hätten ablesen können; siehe Abb. 1. In der Tat werden wir später analytisch nachweisen, daß diese zweigliedrige Form an und in irgendeiner Welle, d. i. Phasenwanderung, in einem stetigen Mittel irgendwelcher Natur gilt; siehe Formel VIII in § 8. Sie ist unabhängig von den einzelfälligen Theorien, die man sich über die physikalischen Erscheinungen macht, unabhängig von der Art und Stärke der Wellenerregung und den Eigenschaften des Mittels. Sie hat eben apriorischen Charakter. Die auftretenden Geschwindigkeiten sind im allgemeinen von der Art der Phasenerregung und der Quellungsform abhängig [37], wie z. B. bei Wellenaufrollung. Vorläufig wollen wir uns noch insofern beschränken, als wir ein homogenes, isotropes und fremdkraftfreies Mittel unterstellen, das sich gleichmäßig bewegt.

Demnach gibt es für jede Wellenfläche eine wandernde Scheinquelle R, die aber im allgemeinen mit einer anderen Geschwindigkeit $\mathfrak{c}_{Q_0}^R = f \cdot \mathfrak{u}$ als der Mittelgeschwindigkeit $\mathfrak{u}$ wandert, parallel oder antiparallel zu $\mathfrak{u}$. Es gibt ferner eine im allgemeinen anisotrope Relativgeschwindigkeit $\hat{\mathfrak{c}}$ des wandernden Wellenflächenelementes $(\mathfrak{n})$, relativ zu dem Ausstrahlungsgebiet R; sie hat die Richtung der Wellennormale $\mathfrak{n}$. Relativ müssen wir sie nennen, weil alle Elemente derselben Wellenfläche zusammen mit der zugehörigen Scheinquelle R zu jeder Zeit dieselbe Geschwindigkeit $\mathfrak{c}^R$ haben. Diese Gesamtheit verschiebt sich wie ein starres Gebilde, so daß mit ihm ein Raum gegeben ist, in dem wir ein Bezugsystem $\hat{\Sigma}$ festlegen können, das wir das gedackte nennen; die Bedackung ist an Stelle der üblichen Bestrichung gewählt, weil letztere schon in meiner Darstellung komplexer Größen vergeben ist. Diesen Raum, in welchem die Scheinquelle R ruht, nennen wir im erweiterten Sinne der Kürze halber ebenfalls Ausstrahlungs- oder Radiationsgebiet R der ins Auge gefaßten Wellenfläche und seine Geschwindigkeit $\mathfrak{c}^R$ die Radiationsgeschwindigkeit. Relativ zu diesem Gebiete haben die einzelnen Wellenflächenelemente die Ausdehnungsgeschwindigkeit $\hat{\mathfrak{c}}$, die von Element zu Element verschieden ebenfalls wie $\mathfrak{c}^R$ eine Funktion der Mittelgeschwindigkeit $\mathfrak{u}$ ist, wobei aber, bei obiger Beschränkung, das Vorzeichen von $\mathfrak{u}$ ohne Einfluß ist. Bei punktsymmetrischer Scheinquelle ist dann die Umhüllende der Geschwindigkeitsrose von $\hat{\mathfrak{c}}$, die Wellenfläche eine Sekunde nach ihrer Erzeugung, ein Oval, aber nicht nur mit einer Symmetrieachse parallel zu $\mathfrak{u}$, sondern auch mit einer Symmetrieebene quer zu $\mathfrak{u}$ durch die Scheinquelle, ein Zeichen, daß die Richtung von $\mathfrak{u}$ nicht diese relative Ausbreitung beeinflussen kann; neben den Eigenschaften des Mittels gehen lediglich $\mathfrak{u}^2$ und $(\mathfrak{u}\,\mathfrak{n})^2$ ein. Die Abb. 1 ist für den Fall gezeichnet, daß die Elemente parallel und antiparallel zu $\mathfrak{u}$ sich langsamer fortpflanzen als die Elemente quer zu $\mathfrak{u}$; ob auch der umgekehrte Fall in der Natur auftritt, muß einstweilen offengelassen werden. Die Wellenfläche dehnt sich mit der Zeit relativ zu R, wobei die Achsenverhältnisse erhalten bleiben. Die Bahnen der einzelnen sich dehnenden Flächenelemente sind die orthogonalen Trajektorien zu den Ovalen, denn $\hat{\mathfrak{c}}$ hat stets die Richtung von $\mathfrak{n}$.

Außer in den Hauptrichtungen drehen sich also die Elemente bei ihrer Wanderung. — Zu beachten ist noch, daß das analytisch gewonnene $\hat{\mathfrak{c}}$ von unserem Bezugsystem Σ aus gemessen ist. Nur bei Geltung universeller und voneinander unabhängiger Raum- und Zeitmaßstäben ist dies $\hat{\mathfrak{c}}$ auch die Geschwindigkeit des Wellenflächenelementes gemessen von R aus. Nach der Raumzeitlehre von Herrn Einstein würde in R beurteilt die Symmetrie in der Geschwindigkeitsrose der Relativgeschwindigkeit in bezug auf die Ebene quer zu $\mathfrak{u}$ durch die Scheinquelle nicht vorhanden sein; daß sie letztere überhaupt nicht kennt, ist noch eine Sache für sich.

In der Radiationsgeschwindigkeit $\mathfrak{c}^R_{Q_0} = f \cdot \mathfrak{u}$ nennen wir f den Fresnel-Faktor in Erweiterung seiner Bedeutung in der Optik; f ist außer von den Eigenschaften im allgemeinen auch von dem Betrage der Mittelgeschwindigkeit abhängig, verschwindet aber nicht mit derselben. Es kann f auch negativ ausfallen; dann bewegt sich R in der zu $\mathfrak{u}$ entgegengesetzten Richtung von dem, wie wir alsbald erkennen werden, in Σ ruhenden Ort Q_0 der ehemaligen Quelle weg.

In der Abb. 1 ist Q_0 der Ort, wo der Wellenkeim ausgelöst worden war. Die wachsende Wellenfläche, beeindruckt von ihrer Quelle und sich ausdehnend relativ zu R, verschiebt sich in allen ihren Elementen samt R mit der gemeinschaftlichen Geschwindigkeit $\mathfrak{c}^R$, völlig losgelöst von ihrer Quelle; denn letztere ist für sie schon im Augenblick nach der Geburt erloschen. Wenn $f \neq 0$, ist die Ausbreitung in bezug auf Q_0 stets mitbedingt durch die Mittelgeschwindigkeit $\mathfrak{u}$; es ist dann unmöglich, daß in einem bewegten Mittel $\mathfrak{c}_{\mathfrak{n} Q_0}$ isotrop sei. — An der Ausbreitung ist ferner bemerkenswert, daß die Richtung $\mathfrak{n}$ des Wellenflächenelementes sowohl von $\hat{\Sigma}$ aus als auch von Σ aus beurteilt, dieselbe ist, welche Eigentümlichkeit ebenfalls im Wesen der Welle als einer bestimmten Wanderung bestimmter Phasen begründet ist, wie wir sehen werden (§ 8). — Die aufeinanderfolgenden Lagen ein und derselben Wellenfläche können sich — anders wie in Abb. 1 — auch schneiden.

Es taucht nun die Frage auf, ob die durch eine Abstraktion aus Feldgleichungen gewonnene wellenkinematische Beziehung I für ein beliebiges Bezugsystem gilt oder nicht. Ersteres angenommen würde neben I auch gelten müssen $\mathfrak{c}'_{\mathfrak{n}'} = \hat{\mathfrak{c}}' + (\mathfrak{c}^{R'}\, \mathfrak{n}')\, \mathfrak{n}'$ mit $\mathfrak{c}^{R'} = f' \cdot \mathfrak{u}'$, wobei die Normale vielleicht eine andere Richtung $\mathfrak{n}'$ annähme und f' so von $\mathfrak{u}'$ abhinge wie f von $\mathfrak{u}$. Es könnte uns nun nicht verwehrt werden, unseren Standort Σ' in dem wandernden Radiationsgebiet R selbst einzunehmen. Dann wäre für uns die Geschwindigkeit des Mittels $\mathfrak{u}' = \mathfrak{u} - \mathfrak{c}^R = (1 - f)\,\mathfrak{u} \neq 0$ und die Radiationsgeschwindigkeit $\mathfrak{c}^{R'} = f'\,\mathfrak{u}' = f'\,(1 - f)\,\mathfrak{u}$ für $f \neq 1$ ebenfalls $\neq 0$. Wir müßten also eine Versetzung der Wellenfläche in bezug auf unseren Standort Σ' in R feststellen, eine Versetzung, die aber nicht existiert, weil für den genannten Standort die Wellenfläche sich ausdehnt, jedoch samt der Scheinquelle R sich als Ganzes nicht verschiebt. Es kann also für einen von eins und null verschiedenen Fresnel-Faktor die Ausbreitungsformel I nicht für beliebige Bezugsysteme gelten. Dann aber kann sie nur für besondere Bezugsgebiete gelten. Als solche kommen nach Ausscheidung von R nur noch das zu der betrachteten Wellenfläche gehörige ehemalige Quellgebiet Q_0 oder das Mittel M in Frage. Im letzteren Falle ist in Gl. I ihre Herkunft beachtend $\mathfrak{u} = 0$ zu setzen, was einen Unterfall bedeutet. (Im Falle $f = 1$, also wie man sagt bei völliger Mitführung der Welle seitens des Mittels sowie im Falle $f = 0$, bei Indifferenz, besteht nach obigem ein solcher Zwang nicht, doch können wir auch für diese besonderen Unterfälle das Bezugsystem in Q_0 festgelegt denken.) Die Ausbreitungsformel I bezieht sich also ihrer Herkunft nach auf das Gebiet Q_0 der ehemaligen zu der betrachteten Wellenfläche gehörigen Quelle. In ihr ist $\mathfrak{c}^R_{Q_0} = f \cdot \mathfrak{u}$ die Geschwindigkeit des Radiationsgebietes R der Wellenfläche und $\mathfrak{u}$ die Geschwindigkeit des Mittels gegen einen Beobachter in ihrem ehemaligen Erzeugungsgebiet Q_0, das räumlich ausgedehnt sein kann. Man versteht jetzt, weshalb wir in I $\mathfrak{c}_n$ und $\mathfrak{c}^R$ mit dem Zeiger Q_0 versehen haben. Dieser Standort des Beobachters ist mithin unausgesprochen auch derjenige, auf den sich die obengenannten Grundgleichungen der Elektrodynamiken beziehen.

Zu beachten ist, daß unser Grundgesetz, das auf der Anwendung der Formel $d\mathfrak{A}/dt = \dot{\mathfrak{A}} + (\mathfrak{c}\nabla)\,\mathfrak{A} = 0$ beruht, es mit keinerlei Raumzeitproblemen zu tun hat. Diese stellen sich erst ein, wenn man genötigt ist, denselben Wellenvorgang von zwei verschieden bewegten Bezugsystemen aus meßend zu verfolgen.

7. Das Grundgesetz der Wellenausbreitung in ruhendem Mittel bei bewegter Quelle; der Fresnel-Effekt

Ebenso wie es eine Ausbreitungsformel I gibt, die für einen zu Q_0 ruhenden Beobachter gilt, der die Scheinquelle R bewegt sieht, so muß es auch eine Ausbreitungsformel geben, die für einen zum Mittel M ruhenden Beobachter gilt, der ebenfalls die Scheinquelle bewegt sieht. Wir gewinnen sie mit einer Transposition der durch eine Frontanalyse gewonnenen Formel I von Q_0 nach M. Später werden wir erkennen, daß nur die nach Galilei benannte der Wirklichkeit entspricht. Dann aber bleibt $\hat{\mathfrak{c}}$ als Relativgeschwindigkeit in bezug auf das Radiationsgebiet R für alle Bezugsysteme ein und dieselbe, so daß lediglich die Radiationsgeschwindigkeit eine andere wird. Bezeichnen wir mit $\mathfrak{q}$ die Geschwindigkeit, welche die Quelle zur Zeit der Erzeugung des Wellenkeims R relativ zu dem in allen seinen Teilen ruhenden Mittel besaß, dann ist für jene Zeit $\mathfrak{u} = -\mathfrak{q}$ und $\mathfrak{c}_{Q_0}^R = -f\mathfrak{q}$ in Formel I, somit die Radiationsgeschwindigkeit in bezug auf das Mittel $\mathfrak{c}_M^R = \mathfrak{c}_{Q_0}^R - \mathfrak{u} = (1-f)\,\mathfrak{q}$, wobei f, weil in ihm nur der Betrag von $\mathfrak{u}$ eingeht, von $\mathfrak{q}$ abhängig ist wie vorhin von $\mathfrak{u}$. Diese Geschwindigkeit $\mathfrak{c}_M^R$ wird für alle späteren Zeiten beibehalten, denn das Zustandsgebilde R samt der zugehörigen Wellenfläche bewegt sich, weil immateriell, trägheits- und reibungslos weiter. Vom homogenen Mittel aus beobachten wir also bei allseitig freier Ausbreitung für alle Zeiten nach der Erzeugung der Wellenfläche als Fortpflanzungsgeschwindigkeit eines ihrer Elemente ($\mathfrak{n}$) in Richtung der Normalen die Geschwindigkeit $\hat{\mathfrak{c}} + (1-f)\,(\mathfrak{q}\,\mathfrak{n})\,\mathfrak{n}$. Das ist aber in Hinblick auf I $\mathfrak{c}_{n\,Q_0} - (\mathfrak{u}\,\mathfrak{n})\,\mathfrak{n}$, und dies wiederum ist die Fortpflanzungsgeschwindigkeit desselben Elementes ($\mathfrak{n}$) in Richtung der Normale von dem Mittel M aus beobachtet. Wir gelangen so zu der wie I gebauten Formel

II) $$\mathfrak{c}_{n\,M} = \hat{\mathfrak{c}} + (\mathfrak{c}_M^R\,\mathfrak{n})\,\mathfrak{n} \qquad \mathfrak{c}_M^R = (1-f)\,\mathfrak{q}$$

mit den Zusammenhängen

$$\mathfrak{c}_{n\,M} = \mathfrak{c}_{n\,Q_0} + (\mathfrak{q}\,\mathfrak{n})\,\mathfrak{n}; \quad \mathfrak{c}_M^R = \mathfrak{c}_{Q_0}^R + \mathfrak{q}.$$

Die zu der Grundformel I konforme und aus ihr herleitbare Grundformel II zeigt uns den Einfluß der Bewegung einer augenblicklichen Wellenquelle auf die Wellenausbreitung vom homogenen Mittel aus beurteilt. Beide Grundformeln fallen zusammen, wenn keine Relativbewegung $\mathfrak{q}$ zwischen Quelle und Mittel besteht. Falls der Fresnel-Faktor $f = 1/2$, ist $\mathfrak{c}_{Q_0}^R = -\mathfrak{c}_M^R = -1/2 \cdot \mathfrak{q}$. Wenn $f \neq 1$, ist die Ausbreitung stets mitbedingt durch die Geschwindigkeit der ehemaligen Quelle; es ist dann unmöglich, daß bei bewegter Quelle $\mathfrak{c}_{n\,M}$ isotrop sei.

Die Konformität von I und II erlaubt uns einige Eigenschaften beider Ausbreitungen gemeinsam zu behandeln. Ruhen Quelle und Mittel zueinander ($\mathfrak{q} = 0$), dann ist die Wellenfläche bei punktsymmetrischer Erregung eine konzentrische Kugel um den Ausstrahlungspunkt R, der zusammen mit dem Beobachter im Mittel ruht; eine Kugel, weil für eine Anisotropie der Ausbreitung kein Grund vorhanden ist. Die Ausdehnungsgeschwindigkeit $\hat{\mathfrak{c}} = \mathfrak{c}$ nimmt dabei als Funktion der Quellengeschwindigkeit $\mathfrak{q}$ den größtmöglichen bzw. kleinstmöglichen Wert an, je nach der zugrunde liegenden Feldtheorie. Bewegte sich die Quelle bei der Erzeugung der Welle gegen das Mittel M, dann weicht im allgemeinen die Gestalt der Wellenfläche von der Kugel ab; in welchem Gültigkeitsbereiche eine Symmetrieachse $\mathfrak{q}$ und eine Symmetrieebene senkrecht dazu durch R auftritt, kann vorläufig nicht ausgemacht werden. — Wenn die Quellengeschwindigkeit $\mathfrak{q}$ von Null verschieden ist, kann trotzdem die Scheinquelle R relativ ruhen, nämlich in bezug auf Q_0, wenn $f = 0$ ist, was, wie wir später erfahren werden, eine Eigenschaft des reinen Äthers ist, und in bezug auf M, wenn $f = 1$ ist, was z. B. in der reinen Elastik vorkommt. Ist $f = 1$ (reine Schallwelle), dann bleibt die Scheinquelle R an ihrem Erzeugungsort im Mittel. Ist $f = 0$ (reine Ätherwelle), dann bewegt sich R mit dem Ort Q_0 der ehemaligen Quelle.

Der Fresnel-Faktor f ist im allgemeinen von den Eigenschaften des Mittels und der Relativbewegung zwischen Quelle und Mittel abhängig. Liegt f zwischen 1 und 0, dann bewegt sich die Scheinquelle R in bezug auf das Mittel mit einer kleineren Geschwindigkeit, als sie die ehemalige Quelle bei der Erzeugung von R besaß, und zwar in deren Richtung. Ist f negativ, dann rascher, aber wiederum in gleicher Richtung. Die Gleichheit der Bewegungsrichtung von R und Q_0 unter allen Umständen ist durchaus das, was wir erwarten; siehe Abb. 10a und 10b (S. 51). Wir schließen daraus, daß der wahre Sinn der Formel I nicht ist der einer »völligen oder teilweisigen Mitführung der Welle von seiten des Mittels« —, dann wären negative Fresnel-Werte undeutbar —, sondern gemäß II der einer Beprägung des immateriellen Wellenkeims in statu nascendi durch den augenblicklichen Bewegungszustand der erzeugenden Quelle in bezug auf das Mittel, derart, daß die eingeprägte Geschwindigkeit $\mathfrak{c}_M^R$ um so größer ausfällt, je kleiner im algebraischen Sinne der Fresnel-Faktor f ist. Auch wird nun verständlich, daß keine physikalische Feldtheorie für f einen Wert größer als 1 liefern darf, denn eine Bewegung von R entgegen $\mathfrak{q}$ bliebe unverständlich. Es hat also nicht f, sondern $(1 - f)$ eine wellenkinematische Bedeutung: es ist das Maß des Bewegungseindrucks auf die Welle im Keime seitens der bewegten Quelle. Dazu paßt, daß die Lorentz-Theorie, die einzige der bisherigen, nach-Hertzischen Elektrodynamiken, die nicht von vorneherein unmöglich ist, für $(1 - f)$ den einfachen Wert $1/\varepsilon$ liefert. Ja, der Verfasser steht nicht an auszusprechen, daß nicht die Beziehung I, sondern die Formel II die Kernformel der Wellenerzeugung durch bewegte Quellen für einen im Mittel ruhenden Beobachter ist.

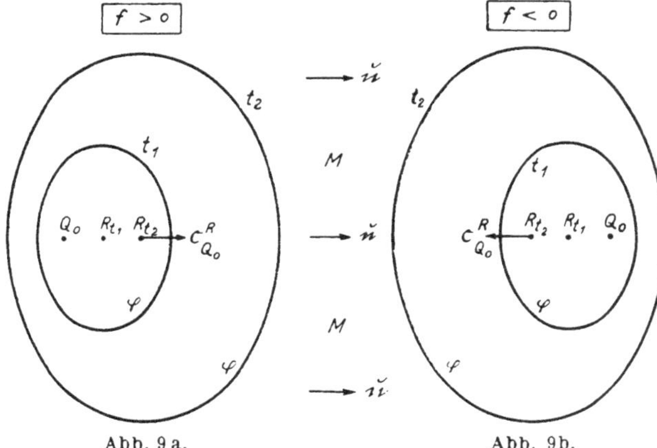

Abb. 9 a. Abb. 9 b.

Zwei zeitlich aufeinanderfolgende Lagen einer Wellenfläche, vom Quellort Q_0 aus beobachtet, für verschiedene Vorzeichen des Fresnel-Faktors f.

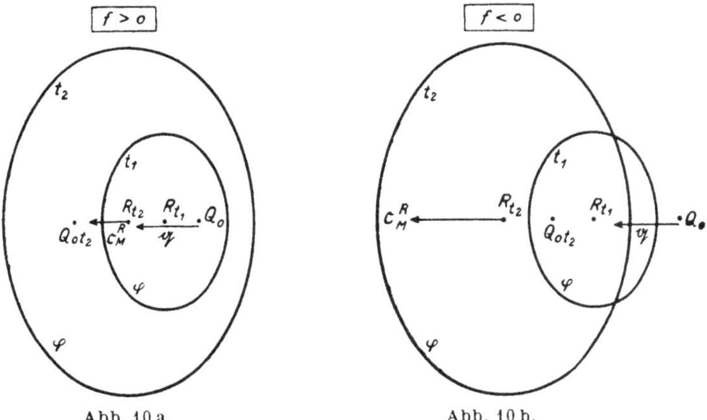

Abb. 10 a. Abb. 10 b.

Zwei zeitlich aufeinderfolgende Lagen einer Wellenfläche vom Mittel M aus beobachtet, für verschiedene Vorzeichen des Fresnel-Faktors f.

Die Abb. 9a, 9b, 10a, 10b zeigen ein und dieselbe Wellenfläche nebst zugehöriger Scheinquelle zu zwei verschiedenen Zeitpunkten und zwar sowohl für einen positiven als auch für einen negativen Fresnel-Faktor f. In bezug auf Q_0 bewegt sich das Mittel M mit der Geschwindigkeit $\mathfrak{u}$ nach rechts und die sich ausdehnende Wellenfläche mit der Geschwindigkeit $\mathfrak{c}_{Q_0}^R = f \cdot \mathfrak{u}$, die bei positivem f (Abb. 9a) ebenfalls nach rechts gerichtet aber kleiner ist, die bei negativem f (Abb. 9b) entgegen der Mittelgeschwindigkeit nach links gerichtet und größer als diese ist; für die Abb. 9b ist der Pfeil von u zu klein ausgefallen. In bezug auf M bewegt sich der Erzeugungsort der Wellenfläche mit der Geschwindigkeit $\mathfrak{q} = -\mathfrak{u}$ nach links und die sich ausdehnende Wellenfläche mit der Geschwindigkeit $\mathfrak{c}_M^R = (1 - f)\,\mathfrak{q}$. Im Falle eines positiven f (Abb. 10a) folgt R also Q_0, im Falle eines negativen f (Abb. 10b) eilt es Q_0 voraus. — Die Exzentrizität der beiden Lagen der betrachteten Wellenfläche richtet sich nach der Radiationsgeschwindigkeit $\mathfrak{c}^R$. Sie ist in bezug auf Q_0 für die beiden Unterfälle $f \gtrless 0$ entgegengesetzt (Abb. 9a und 9b), in bezug auf M dagegen gleichgelagert (Abb. 10a und 10b). Man gewinnt also für positive f nicht aus der Abb. 9a die Abb. 10a und umgekehrt, indem man lediglich den Pfeil von $\mathfrak{c}^R$ umdreht, man muß auch die exzentrische Lage der Wellenfläche nach der Gegenseite verschieben. Die Abb. 9b und 10b für negative f dagegen zeigen ähnliche Lage und Bewegung.

Man erkennt, daß die Ausbreitung vom Mittel aus betrachtet die natürlichere und verständlichere ist. Von dem Erzeugungsort Q_0 aus betrachtet sieht es so aus, als ob das Mittel auf die Ausbreitung an jedem Elemente der Welle und zu allen Zeiten einwirke, die Wellenfläche anziehend bei positivem f, abstoßend bei negativem f; es ist aber Welle ein immaterielles Gebilde, ein Zustandsgebilde, eine Phasenwanderung. Von dem Mittel M aus betrachtet sieht es so aus, als ob die Quelle auf den Wellenkeim neben der Energie auch einen bestimmten Impuls übertrage, der bei derselben Quellengeschwindigkeit $\mathfrak{q}$ um so größer ist, je kleiner f, und der von hier aus jedem Elemente der wachsenden Wellenfläche eine zusätzliche, gleichgroße und gleichgerichtete Geschwindigkeit $\mathfrak{c}^R$ erteile, die für alle spätere Zeiten beibehalten wird; dann beziehen sich in $\mathfrak{c}_M^R$ die Werte von f und $\mathfrak{q}$ auf Q_0 und seine unmittelbare Umgebung. In der Tat ist es das Wesen der Welle, daß in einer Quelle Zustände, Phasen, geprägt werden, die als Störung einer Stationarität von der Quelle fortzuwandern gezwungen sind. Diese Deutung der Herkunft der Radiationsgeschwindigkeit hält der Verfasser deshalb für die wahre und bezeichnet vom Mittel aus beurteilt die Abweichungszahl $(1 - f)$ der Radiationsgeschwindigkeit von der Quellengeschwindigkeit als den eigentlichen Fresnel-Effekt. Er wird besonders in der zukünftigen Atomphysik eine beträchtliche Rolle spielen. Nur in drei Fällen gibt es keinen Fresnel-Effekt: einmal wenn $\mathfrak{q} = 0$, Quelle und Mittel zueinander ruhen; sodann wenn $f = 0$ und der Beobachter zur Quelle ruht; schließlich wenn $f = 1$ und der Beobachter zum Mittel ruht.

Während $\hat{\mathfrak{c}}$ stets nach außen gerichtet ist, ist es möglich, daß die Wellengeschwindigkeit $\mathfrak{c}_n$ stellenweis nach innen zu gerichtet ist. Das ist der Fall, wenn $\mathfrak{c}_n$ durch Null gehen kann, wenn also $\hat{\mathfrak{c}}_0 + (\mathfrak{c}^R \mathfrak{n}_0)\, \mathfrak{n}_0 = 0$ möglich ist. Es muß also die Projektion der Versatzgeschwindigkeit $\hat{\mathfrak{c}}_0 + \mathfrak{c}^R$ auf die Wellennormale $\mathfrak{n}_0$ verschwinden. Der Nullkreis $(\mathfrak{n}_0)$, dessen Durchmesser proportional der Zeit wächst, grenzt auf der Rückseite der Wellenfläche eine Kalotte ab, die wie der übrige Teil der Wellenfläche sich ausdehnend parallel $\mathfrak{c}^R$ fortschreitet. Es schneidet dann also die augenblickliche Lage der Wellenfläche die frühere (siehe z. B. Abb. 10b), was eintritt, wenn für dasjenige $\mathfrak{n}$, das zu $\mathfrak{c}^R$ entgegengesetzt ist, $\mathfrak{c} = \hat{\mathfrak{c}}_{\uparrow\downarrow} + \mathfrak{c}^R$ parallel $\mathfrak{c}^R$ gerichtet ist, woraus sich die Bedingung

1) $$|\mathfrak{c}^R| > |\hat{\mathfrak{c}}_{\uparrow\downarrow}|$$

ergibt, gleichgültig ob f positiv oder negativ ist und ob von Q_0 oder M aus beobachtet.

Wir werden später sehen, daß wir die Bahnen kennenlernen müssen, welche die Wellenflächenelemente $d\mathfrak{f}$ mit der Normale $\mathfrak{n}$ vom Erzeugungsort Q_0 an im Raume beschreiben. Die relativ

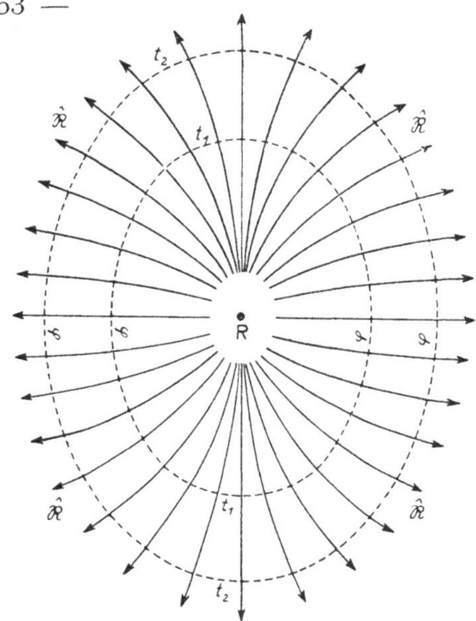

Abb. 11. Die relativen Bahnen $\hat{\mathfrak{R}}$ der Elemente einer Wellenfläche im Laufe der Zeit, von ihrem Radiationsgebiet R aus beobachtet.

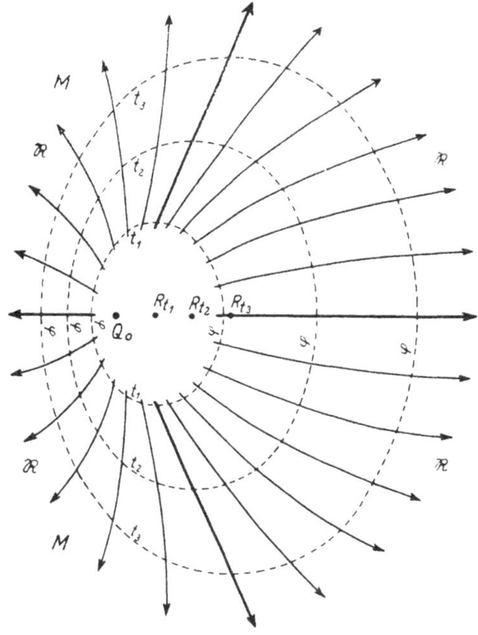

Abb. 12. Die absoluten Bahnen $\mathfrak{R}$ der Elemente einer Wellenfläche im Laufe der Zeit, vom Mittel M aus (oder von ihrem Quellort Q_0 aus) beobachtet.

zu dem Radiationsgebiete R betrachteten Lagen der Wellenfläche zu aufeinanderfolgenden Zeiten entstehen dadurch, daß die einzelnen $d\mathfrak{f}$ des Wellenkeims sich ausdehnend in gemeinsamer Front wandern, und zwar in jedem Augenblick orthogonal zu dieser Front, die wie wir gesehen haben, in einfachen Fällen ein Oval von doppelter Symmetrie ist. Die relativen Bahnen sind also die orthogonalen Trajektorien zu den zeitlich aufeinanderfolgenden relativen Lagen ein und derselben Wellenfläche; sie sind gekrümmt, da die $d\mathfrak{f}$ sich bei ihrer Wanderung auch drehen müssen, mit Ausnahme der Elemente der Symmetrieachse und der Symmetrieebene; siehe Abb. 11. Der Krümmungssinn ist verschieden je nachdem, ob die kleine oder die große Achse des Ovals mit der Bewegungsrichtung des Ovals zusammenfällt. Wir stellen im folgenden stets den ersten Fall in den Vordergrund. Verlegen wir nun unseren Standort in das Mittel M, dann bekommen wir die von den relativen abweichenden absoluten Bahnen, indem sich in jedem Augenblick zu $\hat{\mathfrak{c}}$ die Radiationsgeschwindigkeit $\mathfrak{c}_M^R$ addiert, die für alle $d\mathfrak{f}$ die gleiche ist nach Richtung und Größe; siehe Abb. 12. Dadurch werden die Bahnen nach der Richtung $\mathfrak{c}_M^R$ hin gebogen, besonders die Elemente der Hinterseite $(d\mathfrak{f}, \mathfrak{c}_M^R) < 0$. Die Wellenflächenelemente in der Symmetrieebene, die durch $(d\mathfrak{f}, \mathfrak{c}_M^R) = 0$ ausgezeichnet sind und die die Ausdehnungsgeschwindigkeit $\hat{\mathfrak{c}}_\perp$ haben, bewegen sich auf einer Geraden unter dem Winkel

$$\text{2)} \qquad \sigma = \operatorname{arctg} \frac{|\hat{\mathfrak{c}}_\perp|}{|\mathfrak{c}_M^R|}$$

gegen die Bewegungsachse $\mathfrak{q}$. Geraden sind natürlich auch die Bahnen der beiden auf der Bewegungsachse wandernden Elemente, die durch $[d\mathfrak{f}, \mathfrak{c}_M^R] = \pm 0$ bestimmt sind, und die Ausdehnungsgeschwindigkeit $\hat{\mathfrak{c}}_{\uparrow\nwarrow}$ bzw. $\hat{\mathfrak{c}}_{\uparrow\swarrow}$ haben. Allgemein gilt: Die Elemente, die sich nicht drehen, beschreiben gerade Bahnen in bezug auf das Mittel. Die Bahnen sind wieder Trajektorien zu den nun exzentrischen Lagen der Wellenfläche, aber nicht mehr die orthogonalen, was besonders deutlich auf der abgewandten Seite ist. Ist $|\mathfrak{c}_M^R| > |\hat{\mathfrak{c}}_{\uparrow\swarrow}|$, dann bewegen sich auch alle Elemente der Hinterseite nach vorn. Ist $|\mathfrak{c}_M^R| > |\hat{\mathfrak{c}}_\perp|$, also der Strahlungswinkel 2σ kleiner als ein Rechter, dann sind dabei die Krümmungen aller Bahnen so gering, daß man fast ein gerades Strahlenbüschel vor sich hat, das von Q_0 einseitig und kegelförmig ausgeht und aus den Bahnen der vorderen und der hinteren wandernden Wellenflächenelementen $d\mathfrak{f}$ besteht; siehe Abb. 13. Das Büschel ist stets nach $\mathfrak{c}_M^R$ gerichtet.

Wegen der Konformität von I und II kommen wir zu ganz gleichen Ergebnissen, wenn wir unseren Standort in dem Erzeugungsgebiet Q_0 einnehmen; ein Unterschied besteht nur hinsichtlich des Wertes von $\mathfrak{c}^R$. Die Abb. 12 und 13 sind gezeichnet für einen im Mittel ruhenden Beobachter, der eine Bewegung der Scheinquelle R mit der Geschwindigkeit $\mathfrak{c}_M^R = (1 - f)\,\mathfrak{q}$ nach rechts wahrnimmt. Sie gelten aber auch für den Fall, daß der Beobachter sich am Ort Q_0 der ehemaligen Quelle befindet und die Scheinquelle R sich mit der Geschwindigkeit $\mathfrak{c}_{Q_0}^R = f\,\mathfrak{u} = -f \cdot \mathfrak{q}$ nach rechts bewegt; das Mittel bewegt sich dann mit der Geschwindigkeit $\mathfrak{u} = -\mathfrak{q}$ ebenfalls nach rechts.

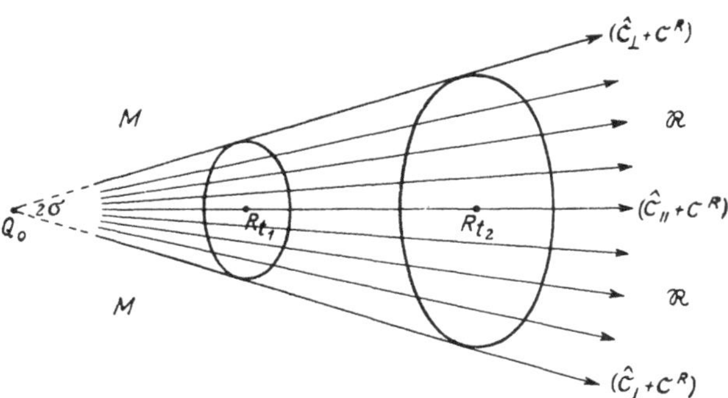

Abb. 13. Die absoluten Bahnen $\mathfrak{R}$ der Elemente einer Wellenfläche im Laufe der Zeit, vom Mittel M aus (oder vom Quellort Q_0 aus) beobachtet für den Fall, daß die Radiationsgeschwindigkeit c^R größer ist als die Ausdehnungsgeschwindigkeit $\hat{c}_\perp$ senkrecht zu ihr.

Wir wollen uns nun noch von der Beschränkung des Standortes, die den Grundformeln I und II anhaftet, befreien. Dies erweiterte Grundgesetz der freien Ausbreitung bei bewegter Quelle in bewegtem Mittel muß als Phasenwanderung durch die Transpositionskinematik nach Galilei erreichbar sein, deren Auswirkung auf Wellen zu einem allgemeinen, wellenkinematischen Satz führt, den wir für sich herleiten und voranschicken wollen.

8. Invarianz der Wellennormale und Doppler-Effekt bei einer Galilei-Transposition

Eine dimensionslose Zustandsgröße φ aus einer über ein Gebiet stetig verteilten Mannigfaltigkeit sei derart in Bewegung, daß sich ein stetiges Geschwindigkeitsfeld derselben vorfindet. Es ist nun Welle eine solche geordnete Wanderung räumlich stetig verteilter, geordneter Zustände, Wellenphasen genannt, in irgendwelchen stetigen Mitteln und hervorgegangen aus einer ursprünglichen Gleichgewichtsstörung oder Stationaritätsstörung, die wir Wellenquelle benennen. Die ursprüngliche Störung ist durch Feldbedingungen, niedergelegt in Feldgleichungen, gezwungen um sich zu greifen und nachbarliche Störungen hervorzurufen.

Es wandert damit eine Fläche gleicher Phase sich ausdehnend und vorangehend Flächen anderer Phase in räumlich stetiger Folge, von Phasen, die in zeitlich stetiger Folge von der Quelle entsandt wurden. Jedes Element einer Wellenfläche bewegt sich in einer bestimmten Richtung. In keinem Punkte läuft eine Wellenphase nach allen Richtungen, wie dies das Huygens-Prinzip für alle von der Welle ergriffenen Punkte unterstellt [37]. Wellenfront und Wellenrücken sind die erste und die letzte Phasenfläche einer Welle; dabei ist es gleichgültig, ob die Welle durch ein unveränderliches Feld — ohne gegenseitige Behelligung — hindurchläuft oder ob die Welle — durch eine lokale Störung des genannten Feldes entstehend — dieses Feld vor sich einrollt und hinter sich ausrollt. Daß die Wellenphase ein Mittel braucht, zeigt die Phasengeschwindigkeit, die sich als abhängig von den Eigenschaften des durchlaufenen Mittels und seiner Geschwindigkeit erweist.

Die Existenz, die Quellenverbundenheit und die in der Interferenz mehrerer Wellen zutage tretende Individualität der in Gemeinschaft mit ihresgleichen wandernden Wellenphase φ bewirken, daß sie nach ihr und ihrer Erzeugungsart allein einwohnenden Gesetzen wandert, nach Gesetzen, die der Form nach unabhängig sind von der physikalischen Natur der Welle [33]; eine Quelle kann auch eine bewegte Wellenfront sein, was bei einem Feldzusammenbruch auftritt. Da sie wandert, muß φ eine Funktion der Zeit und des Ortes sein. Da sie in stetigem Zusammenhang mit ihresgleichen wandert, muß diese Gemeinschaft ein stetiges, lamellares Feld der Phasen φ bilden und daraus folgt weiter, daß an Unstetigkeitsflächen, wenn sie ruhen, die Tangentialkomponente des Phasengradienten stetig sein muß. Einlagerungen im Mittel geben zu Sekundärwellen Anlaß; wir schließen ein solches Mosaik von Mitteln, das wir kurz trübes Mittel nennen wollen, hier von unserer Betrachtung aus. Natürlich ist das φ-Feld auch von der Bewegung der Quelle gegen das Mittel abhängig.

Wenn Welle ein Gebilde ist von in Ordnung wandernden Phasen, ein System bestimmter Phasen- oder Wellenflächen mit bestimmten Geschwindigkeiten — der Doppler-Effekt und der Fresnel-Effekt sind besondere Äußerungen desselben —, dann ist eine Welle nicht in Wellen zerlegbar. Denn alle »Partikularwellen« müßten in denselben Phasenflächen mit denselben Geschwindigkeiten laufen, kurz, ihr raumzeitliches Feld der Phasen gemeinsam haben. Dann aber sind sie nur hinsichtlich der Stärke zerlegte Teile ein und derselben Welle, denn eine Zerlegung eines Feldes wandernder Phasen in Teilphasenfelder ist begrifflich unmöglich. Auch müßten sonst so viele spezifische Welleneffekte auftreten, als willkürliche »Partikularwellen« angenommen worden wären. Man kann also eine Welle nicht in Wellen zerlegen und umgekehrt Wellen nicht zu einer Welle überlagern, so wie man das bei statischen und stationären Feldern kann. Die bisherige Behandlung der Störungs-Felder wie störungsfrei gewordene ist mithin falsch. Das Wesentliche an einer Welle, der einzigen und unteilbaren, ist das eine Feld der in der Quelle erzeugten, nach eigenen Gesetzen abwandernden Wellenphasen. Wesentlich ist ferner die Existenz eines Phasenübermittlers, den wir Wellenträger oder kurz Mittel nennen. Bei der Verwendung des apriorischen Wellenbegriffes in der Physik ist nun mit einem solchen Phasenfelde gesetzmäßig verbunden: ein Stärkefeld, welches die Stärke und die Polarisation, überhaupt die Struktur und Natur der Welle bestimmt [37].

Von verschiedenen Bezugsystemen (Σ; $\hat{\Sigma}$) aus werden sowohl Quelle als auch Welle in mancher Hinsicht verschieden beurteilt, d. h. es ist im allgemeinen ein Feld $\Omega \neq \hat{\Omega}$ im anderen Bezugsystem, aber identisch ist in allen Bezugsystemen die Zeit- und Raumfolge der Wellenphasen, so daß bezüglich zweier gegeneinander bewegter Bezugsysteme Σ und $\hat{\Sigma}$ am selben Ort sein muß $\varphi = \hat{\varphi}$ und, da die Phase wandert,

III) $$d\varphi = \dot{\varphi}\, dt + (d\mathfrak{r}, \operatorname{grad} \varphi) = \dot{\hat{\varphi}}\, \hat{d}\hat{t} + (\hat{d}\hat{\mathfrak{r}}, \operatorname{g\hat{r}ad} \hat{\varphi}) = \hat{d}\hat{\varphi}$$

worin t und $\hat{t}$ die zusammengehörigen Zeiten, $\mathfrak{r}$ und $\hat{\mathfrak{r}}$ die zusammengehörigen Topographen für die Phase $\varphi = \hat{\varphi}$ bedeuten. Die Bedachung von d und grad soll vor Augen halten, daß zwei völlig isolierte kinematische Betrachtungen angestellt werden. Des näheren mögen die Ursprünge O und $\hat{O}$ des ungedackten bzw. des gedackten Systems die augenblickliche Basisstrecke $\mathfrak{b}$, gemessen im ungedackten, bzw. $\hat{\mathfrak{b}}$, gemessen im gedackten System haben. Die Bewegung von $\hat{O}$ gegen O sei $\mathfrak{v}$, die von O gegen $\hat{O}$ sei $\hat{\mathfrak{v}}$, wobei $\mathfrak{v} + \hat{\mathfrak{v}} = 0$ sei. In jedem Felde beziehen sich die Feldgleichungen auf Dingpunkte, deren Orte natürlich durch Netzpunkte ($\mathfrak{r}$) bzw. ($\hat{\mathfrak{r}}$) bestimmt sind; siehe Abb. 14. Wir befleißigen uns im folgenden absichtlich einer gewissen Breite der Darstellung.

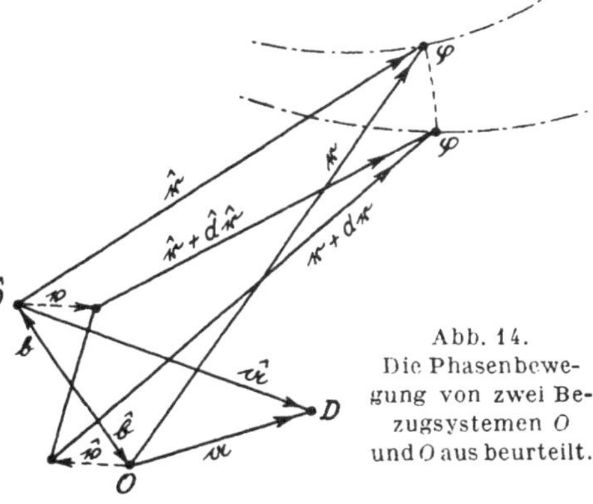

Abb. 14. Die Phasenbewegung von zwei Bezugsystemen O und $\hat{O}$ aus beurteilt.

Aus III in Verbindung mit bestimmten Raum- und Zeitabhängigkeiten zwischen zwei Bezugsystemen für einen Dingpunkt in einem Felde lassen sich rein wellenkinematische Beziehungen herleiten. Welche Transpositionskinematik in der Natur auftritt, ist lediglich an der Widerspruchslosigkeit aller Folgerungen zu erkennen, die unser Denkvermögen aus vorläufig zugrunde gelegten Punktkinematiken unter Berücksichtigung aller gewonnenen Erfahrungen zu ziehen vermag. Von Transpositionskinematiken sind bekannt die nach Galilei und die nach Einstein; die letztere können wir jedoch beiseite lassen, da wir bald erkennen werden, daß sie unmöglich ist.

In der Transpositionskinematik nach Galilei gilt für einen Dingpunkt

IV) $$\hat{t} = t;\ \hat{\mathfrak{r}} = \mathfrak{r} - \mathfrak{b};\ \mathfrak{r} = \hat{\mathfrak{r}} - \hat{\mathfrak{b}}.$$

Bezeichnen wir noch mit $\mathfrak{d}$ den Drall oder Spinn von $\hat{\Sigma}$ um einen Punkt D mit dem Topographen $\mathfrak{a}$ in Σ, so ist die Geschwindigkeit $\mathfrak{c}$ eines Dingpunktes, hier eines Phasenwertes φ im Felde der φ, bekanntlich zusammensetzbar aus seiner Bewegung $\mathfrak{v} + [\mathfrak{d}, \mathfrak{r} - \mathfrak{a}]$ in relativer Ruhe zu $\hat{\Sigma}$ und aus seiner Bewegung $\hat{\mathfrak{c}}$ relativ zu $\hat{\Sigma}$, beides zur Zeit t, also

1) $\mathfrak{c} = \mathfrak{v} + [\mathfrak{d}, \mathfrak{r} - \mathfrak{a}] + \hat{\mathfrak{c}}$; und im Systemwechsel $\hat{\mathfrak{c}} = \hat{\mathfrak{v}} + [\hat{\mathfrak{d}}, \hat{\mathfrak{r}} - \hat{\mathfrak{a}}] + \mathfrak{c}$,

wobei, damit kein Bezugsystem bevorzugt sei,

$$\mathfrak{v} + \hat{\mathfrak{v}} = 0;\ [\mathfrak{d}, \mathfrak{r} - \mathfrak{a}] + [\hat{\mathfrak{d}}, \hat{\mathfrak{r}} - \hat{\mathfrak{a}}] = 0, \text{ also } \mathfrak{r} - \mathfrak{a} = \hat{\mathfrak{r}} - \hat{\mathfrak{a}};\ \mathfrak{d} + \hat{\mathfrak{d}} = 0.$$

Nun ist nach IV $\hat{d}\hat{t} = dt$ und nach 1)

$$\hat{d}\hat{\mathfrak{r}} = \hat{\mathfrak{c}}\,\hat{d}\hat{t} = d\mathfrak{r} - \{\mathfrak{v} + [\mathfrak{d}, \mathfrak{r} - \mathfrak{a}]\}\,dt;$$

man beachte, daß zwischen $d\hat{\mathfrak{r}}$ und $\hat{d}\hat{\mathfrak{r}}$ zu unterscheiden ist, entsprechend $\hat{d}\mathfrak{r}$ und $d\mathfrak{r}$. Damit kommt aus III

$$dt\{\dot{\varphi} - \dot{\hat{\varphi}} + (\mathfrak{v} + [\mathfrak{d}, \mathfrak{r} - \mathfrak{a}],\ \hat{\text{grad}}\,\hat{\varphi})\} = d\mathfrak{r}\{-\text{grad}\,\varphi + \hat{\text{grad}}\,\hat{\varphi}\},$$

welche Beziehung zerfallen muß in die beiden

$$\hat{\text{grad}}\,\hat{\varphi} = \text{grad}\,\varphi;\ \dot{\hat{\varphi}} = \dot{\varphi} + (\mathfrak{v} + [\mathfrak{d}, \mathfrak{r} - \mathfrak{a}], \text{grad}\,\varphi),$$

weil in demselben Bezugsystem Raum- und Zeitmessungen unabhängig voneinander sind. Diese beiden Beziehungen hätten wir auch schon ohne weiteres hinschreiben können, weil $d\varphi/dt = \hat{d}\hat{\varphi}/\hat{d}\hat{t}$ sein soll.

Ist in dem Phasenfelde seine oben hervorgehobene Eigengesetzlichkeit zu mathematischem Ausdruck gebracht [37], was wir nun voraussetzen, dann ist die rein räumliche Änderung von φ im Felde, also

— grad φ, das bestimmte Phasengefälle, Wellennormale, genannt, die wir mit $\mathfrak{w}$ bezeichnen wollen. Dann gilt nunmehr

V) $$\hat{\mathfrak{w}} = \mathfrak{w};$$

VI) $$\begin{cases} \left(\frac{\hat{d}\hat{\varphi}}{\hat{d}\hat{t}}\right)_{\hat{\mathfrak{c}}=0} = \dot{\hat{\varphi}} = \dot{\varphi} - (\mathfrak{v} + [\mathfrak{d}, \mathfrak{r} - \mathfrak{a}], \mathfrak{w}) = \left(\frac{d\varphi}{dt}\right)_{\hat{\mathfrak{c}}=0} \\ \text{also auch} \\ \left(\frac{d\varphi}{dt}\right)_{\mathfrak{c}=0} = \dot{\varphi} = \dot{\hat{\varphi}} - (\hat{\mathfrak{v}} + [\hat{\mathfrak{d}}, \hat{\mathfrak{r}} - \hat{\mathfrak{a}}], \hat{\mathfrak{w}}) = \left(\frac{\hat{d}\hat{\varphi}}{\hat{d}\hat{t}}\right)_{\mathfrak{c}=0}. \end{cases}$$

Schließlich folgt aus III wegen V noch

VII) $$\dot{\varphi} - \dot{\hat{\varphi}} = (\mathfrak{c} - \hat{\mathfrak{c}}, \mathfrak{w}).$$

Die Phasengeschwindigkeiten $\mathfrak{c}$ bzw. $\hat{\mathfrak{c}}$ sind keine ursprünglichen Größen wie das Phasenfeld, sondern aus ihm abzuleitende, und unbestimmte, solange offen bleibt, in welcher Richtung ein ins Auge gefaßter Phasenwert von einer Phasenfläche zur benachbarten fortschreitet; sie gehen aus dem Verschwinden von $d\varphi$ bzw. $\hat{d}\hat{\varphi}$ in III hervor. Von vorneherein eindeutig sind danach ihre Normalkomponenten

2) $$\text{in } \Sigma\colon\ \mathfrak{c}_n = \frac{\dot{\varphi}}{\mathfrak{w}^2}\cdot\mathfrak{w};\ \text{in } \hat{\Sigma}\colon\ \hat{\mathfrak{c}}_n = \frac{\dot{\hat{\varphi}}}{\hat{\mathfrak{w}}^2}\cdot\hat{\mathfrak{w}}.$$

Daß auch ihre Tangentialkomponenten bestimmt sind, ist in § 2 dargetan. Natürlich können $\dot{\varphi}$ und $\dot{\hat{\varphi}}$ entgegengesetzte Vorzeichen haben, was nach V und 2) entgegengesetzte Vorzeichen von $\mathfrak{c}$ und $\hat{\mathfrak{c}}$ zur Folge hat; die Beziehung $\dot{\varphi}/\dot{\hat{\varphi}} = |\mathfrak{c}_n|/|\hat{\mathfrak{c}}_n|$ nach 2) gilt nur für ihre Beträge. Zu beachten ist schließlich, daß in allen unseren Beziehungen gleichzeitige Werte auftreten.

Beachten wir die Beziehungen V und VI, so liefert uns 2)

VIII) $$\mathfrak{c}_n = \hat{\mathfrak{c}}_n + (\mathfrak{v} + [\mathfrak{d}, \mathfrak{r} - \mathfrak{a}], \mathfrak{n})\,\mathfrak{n}$$

in Übereinstimmung mit der Normalkomponente von 1). Hier aber sind die $\mathfrak{c}_n$ und $\hat{\mathfrak{c}}_n$ durch 2) bestimmte Feldgrößen.

Aus der Existenz, der Individualität und der Sichselbstüberlassenheit des lamellaren Phasenfeldes ergeben sich bei seiner Transposition nach Galilei in irgendein anderes Bezugsystem für die Beurteilung einer beliebigen Welle von zwei beliebigen Bezugsystemen aus folgende, rein wellenkinematische, also jeder möglichen Physik vorangehende Aussagen:

A. In einem Wellenphasenfelde hat das Gefälle $\mathfrak{w}$, die Wellennormale, die sich im allgemeinen mit der Zeit ändert [37], in allen Bezugsystemen zur selben Zeit an demselben Ort denselben Wert nach Richtung und Größe. Es gibt daher keine Aberration der Normalgeschwindigkeit der Wellenphase. Diese Geschwindigkeiten in zwei Bezugsystemen verhalten sich nach 2) wie die lokalzeitlichen Phasenanstiege. Es werden schließlich Beugungsfransen in einer Sinuswelle, Interferenzstreifen in Mit- oder Gegenlauf, Schwingungen und Resonanzen durch gegenläufige, gebundene Wellen sowie Verlöschungen in allen Bezugsystemen zur selben Zeit und am selben Ort gleich beobachtet, sofern diese Erscheinungen außer von der Quellungsform nur von φ und $\mathfrak{w}$ abhängen. Das gilt auch von den Wellenlängen, sofern man normal zu den Phasenflächen mißt.

Diese merkwürdige Eigenschaft der Wellennormale läßt sich unter Benutzung von Wellenstrahlen zur Darstellung eines absoluten Bezugsystems ausmünzen. Eine solche Gründung ist nur auf physikalisch-wellenkinematischem Boden möglich. Dann aber spielt auch die Energiebewegung in der Welle eine wesentliche Rolle, die im allgemeinen nicht die Richtung der Wellennormale einschlägt (§ 12). Sie bewirkt die Erscheinung der Aberration ($\mathfrak{c}^R \neq 0$); siehe § 13. Diese ist vom Bezugsystem abhängig und auch im reinen, homogenen, isotropen und ruhenden Äther möglich. Aber zur Quelle ruhende Beobachter im reinen Äther, in welchem, wie wir später im Hauptstücke B sehen werden, der Fresnel-Faktor f den Wert null annimmt, können sich durch drei nach verschiedenen, nicht-komplanaren Richtungen entsandte, schmächtige Wellenstrahlen aus derselben Quelle ein absolutes, vielleicht krummliniges, Bezugsystem verschaffen, eben weil für diese $\mathfrak{c}_Q^R = 0$ ist.

B. In einem Wellenphasenfelde ist der lokalzeitliche Phasenanstieg in dem ins Auge gefaßten Gerüstpunkte auch abhängig von der Bewegung dieses Punktes, falls man den Phasenanstieg von einem anderen Bezugsystem aus mißt. Deshalb ist die Beziehung VI oder VII der allgemeine Ausdruck für den augenblicklichen Doppler-Effekt $\dot{\varphi} - \dot{\hat{\varphi}}$ in einem Punkte der Welle, der allgemein auftritt, wenn die Geschwindigkeit des Gerüstpunktes und die der Wellennormale nicht senkrecht zueinander orientiert sind. Dieser Effekt schlägt im Vorzeichen um, wenn die Wellennormale entgegengesetzte Richtung annimmt (Pfiff einer vorbeifahrenden Lokomotive). Zwischen zwei Beobachtern gibt es für denselben Phasenpunkt keinen Doppler-Effekt, wenn beide zueinander ruhen ($\mathfrak{v} = 0 = \mathfrak{d}$), mag sich die Quelle oder das Mittel bewegen wie auch immer. Der Doppler-Effekt ist von den Eigenschaften und der Bewegung sowohl des Mittels als auch der Quelle sowie eines etwaigen stationären Kraftfeldes abhängig, Einflüsse, die in die Wellennormale $\mathfrak{w}$ eingehen.

C. Von der Verschiebung und Drehung der Bezugsysteme gegeneinander kommen nach VI und V für den Doppler-Effekt nur deren Komponenten in Richtung der Wellennormale in Betracht.

D. Was die Betrachtung der Wellenausbreitung von verschiedenen Standorten aus anbelangt, so gibt es eine Hervorhebung des Störungsgebietes, der Quelle, oder des Mittels, des Wellenträgers, als Bezugsysteme explizite nicht.

E. Da wir irgendwelche physikalische Feldgleichungen nicht benötigten, so gelten unsere Sätze auch für Wellen in anisotropen und inhomogenen, bewegten Mitteln, mögen diese stetig oder unstetig sein, sowie für Wellen, die von einem fremden Kraftfelde beeinflußt werden, wie etwa von der Schwere. Auch spielen Art und Stärke der Wellenerregung in der Quelle, mag diese ruhen oder irgendwie sich bewegen, formal keine Rolle.

F. Unsere Beziehungen sind rein formalen Charakters; von einer Quelle oder einem Mittel ist in ihnen nicht die Rede, sondern nur von einer Phasenwanderung, betrachtet zur selben Zeit von verschiedenen Bezugsystemen aus. Es ist daher aus ihnen nicht zu ersehen oder zu erschließen, daß jede Wellenfläche von einem zugehörigen Radiationsgebiet R ausläuft, welches zusammen mit ihr sich mit einer ihm eigenen, nämlich mit einer von der Geschwindigkeit der Quelle oder des Mittels abweichenden Geschwindigkeit $\mathfrak{c}^R$ fortbewegt. Dieser Fresnel-Effekt ist nur durch eine eingehende Feldanalyse von einem gewählten und beibehaltenen Bezugsystem aus darzustellen möglich. Er kann nicht durch eine Transpositionskinematik gewonnen werden. Gleiches gilt für die Ausdehnungsgeschwindigkeit $\hat{\mathfrak{c}}$. In der genannten Feldanalyse muß aber unumgänglich ein allgemeines Wellenprinzip richtung- und maßgebend sein, das der Verfasser Interferenzprinzip nennt [10, 17, 37].

G. Die aus der Betrachtung der Phasenwanderung hergeleitete Formel VIII ist formal gleich mit den aus dem Verschwinden einer wandernden Größe an der Front bzw. an dem Rücken ihrer Ausbreitung gewonnenen Formeln I und II in § 6 und § 7. Daraus folgt, daß die Front- und die Rückenfläche die erste bzw. letzte Phasenfläche ist.

H. Die formale Gleichheit der Formeln I und II in § 6 und § 7, die für eine einzelne φ-Fläche gelten, nämlich für die Front und den Rücken der Welle, einerseits, mit der allgemeinen Formel VIII in vorliegendem Paragraphen, die für ein φ-Feld gilt, andererseits, bestätigt nun unsere oben ausgesprochene Behauptung, daß die Front- und Rückenformeln I und II ihrer Form nach allgemeine Gültigkeit haben, nicht nur an Front und Rücken und nicht nur in der Elektrodynamik, aus der wir sie hervorgezogen haben, sondern auch im Innern jeder Welle. Es ist aber im Auge zu behalten, daß dort die dynamischen Werte der Mittelparameter, z. B. der »Dielektrizitätskonstante« in Betracht kommen, in welche die statischen Werte an der Front übergehen, indem die Welle über den betrachteten Feldpunkt hinstreicht.

I. Doppler-Effekt und Fresnel-Effekt, die keine Sinnestäuschungen sind, sind nur auf Grund von Phasenwanderungen erklärbar, deren Existenz damit erwiesen ist. Daraus folgt aber, daß für jede Welle das System der Wellenflächen mathematisch aus vorgegebenen Feldgleichungen explizite dargestellt werden muß. Die bisherige Behandlung der Störungs-Felder wie störungfreie, welch letztere keine Phasenwanderung kennen, ist mithin als falsch bewiesen.

K. Gibt es zwei und mehr Phasensysteme in einer Welle — und so ist es im allgemeinen [29, 31, 33, 37] —, dann beeinflussen sich die bezüglichen Wellennormalen, wie wir andernorts dartun werden, doch sind diese vom Bezugssystem unabhängig.

L. Bedenken wir, daß die Formel VIII mit den Werten aus 2) — die nur aus der Existenz eines Feldes in Ordnung wandernder, identischer Phasenreihen $\varphi = \text{const}$ in Verbindung mit einer Galilei-Transposition hergeleitet worden ist —, dieselbe Form hat wie die Front- und Rückenformel I in § 6, die ohne Inanspruchnahme irgendeiner Raumzeittransposition rein durch annahmenfreie und strenge Analyse vorgelegter Feldgleichungen in bewegten Mitteln gewonnen worden ist, und welche die Relativgeschwindigkeit $\hat{\mathfrak{c}}$ der Wellenphase in bezug auf das zugehörige Radiationsgebiet R genau so liefert, als ob sie durch eine Galilei-Transposition gewonnen worden wäre, bedenken wir ferner, daß Front und Rücken einer Welle die erste bzw. letzte Phasenfläche ist, daß also deren Bewegung ebenfalls von der Formel VIII beherrscht wird, so müssen wir schließen, daß in der Natur, in der es die bezugsunabhängigen Interferenzen, den Doppler- und Fresnel-Effekt wie beschrieben wirklich gibt, die Galilei-Transposition, in welcher es nur eine Zeit, die universelle, gibt, die Transpositionskinematik schlechthin ist.

Störungsfelder in einer wechselwirkenden Punktgemeinschaft sind nichts anderes als eine Welle oder eine Überlagerung von Wellen [17, 33, 36]. Es ist letzten Endes die Wellenkinematik, d. i. die Lehre von den Wellenphasen und ihrer Wanderung, die die genannte Entscheidung herbeiführt.

Gut ist es, zum Schluß darauf aufmerksam zu machen, daß nur für eine aus der Quelle herausquellendes oder herausgequollenes Phasenfeld $\varphi(t; \mathfrak{r})$ der Anstieg $\dot{\varphi}$ und das Gefälle $-\text{grad}\,\varphi = \mathfrak{w}$ einen Sinn haben, nicht für ein einzelnes φ, das man auf seiner Wanderung verfolgt. Man kann nicht an den Lagen einer Wellenfläche zu zwei benachbarten Zeitpunkten den Phasenanstieg und das Phasengefälle ablesen.

9. Das verallgemeinerte Gesetz der Wellenausbreitung bei bewegter Quelle in bewegtem Mittel

Wir kehren zurück zu den Kernformeln I und II in § 6 und § 7, die wir nun aber durch Hinzufügen der Tangentialkomponente $\mathfrak{c}_t^R$ gemäß Gl. 8) in § 2 vervollständigen, so daß

$$\mathfrak{c} = \hat{\mathfrak{c}} + \mathfrak{c}^R, \text{ mit } \mathfrak{c}^R = -f\left\{\mathfrak{q} + [\mathfrak{d}, \mathfrak{r} - \mathfrak{a}]\right\} \text{ bzw. } (1-f)\left\{\mathfrak{q} + [\mathfrak{d}, \mathfrak{r} - \mathfrak{a}]\right\},$$

je nachdem wir unseren Standort in der ehemaligen Quelle Q_0 oder in dem als ganzem ruhenden homogenen Mittel M einnehmen. Da eine

Drehung des Q_0-Gebietes gegen M um einen Punkt $D(\mathfrak{a})$ von gleichem Einfluß auf die Radiationsgeschwindigkeit sein wird wie eine Verschiebung, d. i. eine Drehung um einen unendlich fernen Drehpunkt, so haben wir $\mathfrak{q}$ in $\mathfrak{q} + [\mathfrak{d}, \mathfrak{r} - \mathfrak{a}]$ erweitert. f ist der Fresnel-Faktor, der zu der Relativgeschwindigkeit $\mathfrak{q}$ zwischen Quelle und Mittel gehört. Inzwischen sind wir in dem Satze F des vorigen Abschnittes zu der Erkenntnis gelangt, daß diese Beziehung auch im Innern jeder Welle gilt. Zu jeder sich ausdehnenden Fläche in jedem System von Phasenflächen einer Welle — auch Wellenflächen genannt — gehört eine eigene Scheinquelle R, von welcher diese ausläuft, so daß es eine stetige Reihe von Scheinquellen gibt, die sich mit der Geschwindigkeit $\mathfrak{c}^R$ von der sich bewegenden Quelle Q fortbewegen. Jede Phasenfläche verschiebt und dreht sich wie starr zusammen mit ihrem R, jedenfalls wenn M homogen ist, sowie $\mathfrak{q}$ und $\mathfrak{d}$ konstant. Relativ zu R dehnt sie sich allseitig aus mit einer Geschwindigkeit $\hat{\mathfrak{c}}$, die mit der von Q_0 oder von M aus gemessenen Wellengeschwindigkeit $\mathfrak{c}_{Q_0}$ oder $\mathfrak{c}_M$ des Wellenflächenelementes durch keine andere als durch eine Galilei-Transposition zusammenhängt und stets die Richtung der Wellennormalen $\mathfrak{w}$ hat. Zu jeder Phasenfläche gehört ein Ort Q_0 ihrer Erzeugung. Zu jeder Welle mit ihren zwei und mehr Phasensystemen [37] gehört eine stetige Reihe von Erzeugungsorten Q_0; ist sie unstetig, so beginnt eine neue Welle.

Wir wollen uns nun noch von der den obigen Kernformeln anhaftenden Beschränkung hinsichtlich des Standortes befreien. Wir fassen eine aus dem System der Phasenflächen ins Auge und identifizieren den zugehörigen Standort Q_0 mit $\hat{\Sigma}$ in § 8. Wir können dies, wenn wir dem ehemaligen Quellgebiet Q_0 seinen Bewegungszustand $(\mathfrak{q}; \mathfrak{d})$ unverändert belassen, denn in § 8 treten nur Beziehungen auf, die gleichzeitige Werte enthalten; das Quellgebiet im Mittel befindet sich zur späteren Zeit t irgendwo anders. Erwägend, daß nach Satz A in § 8 die Wellennormale $\mathfrak{w}$ in allen Bezugsystemen zur selben Zeit gleich ist, brauchen wir zu diesem Zwecke nur das Bezugsystem $\hat{\Sigma}$ der allgemeinen Formel 1) ebendaselbst für die Phasenwanderung nun in das ehemalige Quellgebiet Q_0 der betrachteten Phasenfläche zu verlegen und dementsprechend die relative Phasengeschwindigkeit $\hat{\mathfrak{c}}$ ebenda mit der Phasengeschwindigkeit $\mathfrak{c}_{Q_0}$ in obiger Kernformel zu identifizieren, deren Komponenten $\hat{\mathfrak{c}}^R$ und $\hat{\hat{\mathfrak{c}}}$ sich erst durch eine Feldanalyse aus vorgelegten Feldgleichungen mit Hilfe des früher erwähnten Wellenprinzips ergeben. Es bekommt so die Relativgeschwindigkeit $\hat{\mathfrak{c}}$ in der formalen Beziehung 1) einen konkreten Inhalt. Für jede der Phasenflächen einer Welle ergibt sich auf diesem Wege die konkrete Ausbreitungsformel

$$\mathfrak{c} = \mathfrak{v} + [\mathfrak{d}, \mathfrak{r} - \mathfrak{a}] + \hat{\mathfrak{c}}$$
$$\text{mit } \hat{\mathfrak{c}} = \hat{\hat{\mathfrak{c}}} + \hat{\mathfrak{c}}^R_{Q_0}$$

und konstanten Werten von $\mathfrak{v}$ und $\mathfrak{d}$, die sich auf die Bewegung von Q_0 in Σ beziehen.

Infolge der Beschränkung der Grundgesetze I und II auf den Ort der ehemaligen Quelle Q_0 bzw. auf das Mittel M addiert sich in dem allgemeinen Falle eines beliebigen Standorts und Bezugsystems zu der gegen Q_0 relativen Ausbreitung $\hat{\hat{\mathfrak{c}}} + \hat{\mathfrak{c}}^R_{Q_0}$ noch die Geschwindigkeit $\mathfrak{v} + [\mathfrak{d}, \mathfrak{r} - \mathfrak{a}]$ des in Q_0 festen Bezugsystems. Es überträgt sich also für den Beobachter Σ die Gesamtbewegung des Quellgebietes auf ihre Wellenfläche.

Hiermit taucht die bisher verworfene »ballistische« Auffassung von der Wellenausbreitung auf optischem Gebiete nach Ritz als strenge und allgemeine Folgerung aus einem wellenkinematischen Grundgesetz wieder auf. Der Einfluß der Bewegung der Quelle auf die Bewegung der Wellenfläche als Ganzes ist rein wellenkinematisch und durch nichts aufhebbar.

Das Mittel möge nun als Ganzes in bezug auf Σ nur eine Verschiebungsgeschwindigkeit $\mathfrak{u}$, keine Drehung haben. Dann ist $-\{\mathfrak{q} + [\mathfrak{d}, \mathfrak{r} - \mathfrak{a}]\}$ die sekundliche Schiebung und Drehung eines Punktes von M gegen Q_0, folglich $\mathfrak{u} = \{\mathfrak{v} + [\mathfrak{d}, \mathfrak{r} - \mathfrak{a}]\} - \{\mathfrak{q} + [\mathfrak{d}, \mathfrak{r} - \mathfrak{a}]\} = \mathfrak{v} - \mathfrak{q}$. Weiter ist $\mathfrak{c}^R_{Q_0} = f \cdot \{$sekundliche Schiebung und Drehung des Mittels gegen $Q_0\} = -f\{\mathfrak{q} + [\mathfrak{d}, \mathfrak{r} - \mathfrak{a}]\}$ die sekundliche Schiebung und Drehung von R gegen Q_0, somit $\mathfrak{c}^R_{Q_0} + \mathfrak{v} + [\mathfrak{d}, \mathfrak{r} - \mathfrak{a}] = \mathfrak{v} - f\mathfrak{q} + (1 - f)$ $[\mathfrak{d}, \mathfrak{r} - \mathfrak{a}] = \mathfrak{u} + \mathfrak{c}^R_M$ die sekundliche Schiebung und Drehung von R gegen Σ, also gleich $\mathfrak{c}^R$, und $\mathfrak{c}^R_M = (1 - f)\{\mathfrak{q} + [\mathfrak{d}, \mathfrak{r} - \mathfrak{a}]\}$ die sekundliche Schiebung und Drehung von R gegen M. Ferner ist $\hat{\hat{\mathfrak{c}}}$ die Ausdehnungsgeschwindigkeit der Phasenfläche gegen ihr Radiationsgebiet R. Um es vor Augen zu haben, führen wir noch an: $\mathfrak{v}$ ist die Verschiebungsgeschwindigkeit von Q_0 und $\mathfrak{d}$ sein Drall mit dem Drehpunkt D, beide in bezug auf Σ; $\mathfrak{q}$ die Verschiebungsgeschwindigkeit von Q_0 und $\mathfrak{d}$ sein Drall, beide gegen M; $\mathfrak{r}$ und $\mathfrak{a}$ die Topographen des betrachteten Phasenflächenelementes bzw. des Drehpunktes D; $\mathfrak{n}$ die in allen Bezugsystemen zur selben Zeit gleiche Einheitsnormale des Phasenflächenelementes, dessen Geschwindigkeit $\mathfrak{c}$ in bezug auf Σ zu bestimmen ist.

Damit erhalten wir nach dem Schema $\mathfrak{c} = \hat{\mathfrak{c}} +$ Summe aller augenblicklichen Relativbewegungen der Bezugsysteme (R, Q_0, M) gegeneinander die Gipfelformel

$$\text{IX)} \qquad \begin{aligned} \mathfrak{c} &= \hat{\mathfrak{c}} + \mathfrak{c}^R \\ \text{mit } \mathfrak{c}^R &= \mathfrak{v} - f\mathfrak{q} + (1-f)[\mathfrak{d}, \mathfrak{r} - \mathfrak{a}] \\ &= (1-f)\{\mathfrak{q} + [\mathfrak{d}, \mathfrak{r} - \mathfrak{a}]\} + \mathfrak{u} = \mathfrak{c}^R_M + \mathfrak{u} \end{aligned}$$

für ein Mittel, das sich als Ganzes in bezug auf den Beobachter mit der Geschwindigkeit $\mathfrak{u}$ verschiebt. Die Richtigkeit der Zusammensetzung von $\mathfrak{c}^R$ ist auch daran zu erkennen, daß wir das Zwischensystem $\hat{\Sigma}$ ja auch in das Mittel M hätten verlegen können, wonach dann $\mathfrak{c}^R = \mathfrak{c}^R_M + \mathfrak{u}$ sich unmittelbar einstellt, worin aber nun die Geschwindigkeit $\mathfrak{u}$ des Mittels als Ganzes beliebig sein kann. IX ist rein wellenkinematischen Inhalts und gilt nach Satz E in § 8 für jede Form der Erregung und für jede Art von Quelle; die punktsymmetrische ist lediglich der einfachste und anschaulichste Unterfall. Da keine Verwechselung mehr zu befürchten ist, haben wir die Ausdehnungsgeschwindigkeit $\hat{\hat{\mathfrak{c}}}$ wieder $\hat{\mathfrak{c}}$ geschrieben, welche Größe sich also auf die Scheinquelle R bezieht; sie ist nunmehr nicht nur von der Geschwindigkeit $\mathfrak{q}$, sondern auch von der Drehgeschwindigkeit $\mathfrak{d}$ der ehemaligen Quelle Q_0 abhängig. Vielleicht gilt das auch für den Fresnel-Faktor f. Von den Hauptachsen der Geschwindigkeitsrose $\hat{\mathfrak{c}}$ ist eine parallel zu $\mathfrak{c}^R_M$, nicht parallel zu $\mathfrak{c}^R$, orientiert, denn nur die Relativbewegung des Quellgebietes gegen das Mittel ist für die Erzeugung und Abstoßung des Wellenkeims maßgebend. Die Form der Wellenfläche ist vom Standort des Beobachters unabhängig. Auch für ihn, der nicht mehr in Q_0 oder M zu ruhen braucht, bewegt sich die Wellenfläche, von ihrer Ausdehnung abgesehen, samt ihrer Scheinquelle wie ein starrer Körper. Doch tritt nun zu der Verschiebungsgeschwindigkeit $(1-f)\cdot\mathfrak{q}$ in bezug auf M noch eine Drehgeschwindigkeit $(1-f)[\mathfrak{d}, \mathfrak{r} - \mathfrak{a}]$ um denselben Drehpunkt auf, den das zugehörige ehemalige Quellgebiet Q_0 hatte; sie ist gleichsinnig mit der von Q_0, hat aber die Stärke $(1-f)\,\mathfrak{d}$ statt $\mathfrak{d}$, wenn $f \neq 0$, das Mittel nicht der reine Äther ist, und hat die Stärke null, wenn $f = 1$, das Mittel z. B. rein elastisch ist. — Nehmen wir unseren Standort auch einmal in dem Radiationsgebiet R ein, was wir früher nicht durften, so ist wegen $\mathfrak{v} + [\mathfrak{d}, \mathfrak{r} - \mathfrak{a}] = -\mathfrak{c}^R_{Q_0}$ nun $\mathfrak{c}^R = 0$, also nach IX $\mathfrak{c} = \hat{\mathfrak{c}}$, wie es sein muß. Unsere Gipfelformel IX gilt also tatsächlich für jedes Bezugsystem. Sie läßt, da bei Wellenmessungen neben $\hat{\mathfrak{c}}$ nur $\mathfrak{c}^R = \mathfrak{u} + (1 - f)\{\mathfrak{q} + [\mathfrak{d}, \mathfrak{r} - \mathfrak{a}]\}$ auftritt, folgende zwei Sätze erkennen:

Ohne Kenntnis des Fresnel-Faktors f ist die Geschwindigkeit $\mathfrak{u}$ eines Mittels durch Wellenmessungen nur dann ermittelbar, wenn die Quelle gegen das Mittel ruht ($\mathfrak{q} = 0 = \mathfrak{d}$); im anderen Falle nämlich tritt $\mathfrak{u}$ nur im Zusammenhang mit f auf.

Ohne Kenntnis des Fresnel-Faktors f ist die Verschiebungsgeschwindigkeit $\mathfrak{q}$ einer Wellenquelle gegen das Mittel nur indirekt ermittelbar, nämlich aus $\mathfrak{q} = \mathfrak{v} - \mathfrak{u}$.

Für den Doppler-Effekt zwischen dem Beobachter in dem Radiationsgebiet $\hat{\Sigma}$ einer Wellenfläche und dem Beobachter in Σ liefert IX in Verbindung mit VII, § 8 die Formel

VII′ $$\dot{\varphi} - \dot{\hat{\varphi}} = (\mathfrak{c}^R, \mathfrak{w}).$$

Für den prozentischen Doppler-Effekt zwischen zwei beliebigen Beobachtern Σ und $\hat{\Sigma}$ in bezug auf eine Welle erhalten wir nach V, VI und 2) in § 8

$$\frac{\dot{\varphi} - \dot{\hat{\varphi}}}{|\dot{\varphi}|} = \frac{(\mathfrak{v} + [\mathfrak{d}, \mathfrak{r} - \mathfrak{a}], \mathfrak{n})}{|\mathfrak{c}_n|}$$

X) oder auch

$$\frac{\dot{\varphi} - \dot{\hat{\varphi}}}{|\dot{\hat{\varphi}}|} = \frac{(\mathfrak{v} + [\mathfrak{d}, \mathfrak{r} - \mathfrak{a}], \mathfrak{n})}{|\hat{\mathfrak{c}}_n|}.$$

Das auf die Welle bezügliche steckt rechtsseitig nur in $|\mathfrak{c}_n|$ bzw. $|\hat{\mathfrak{c}}_n|$.

Als Fresnel-Effekt bezeichneten wir die wellenkinematische Tatsache, daß alle Elemente ein und derselben Wellenfläche eine gemeinsame Geschwindigkeitskomponente haben, die sich im allgemeinen aus einer Schub- und Drehgeschwindigkeit zusammensetzt. Wir nannten diese Komponente von $\mathfrak{c}$ die Radiationsgeschwindigkeit $\mathfrak{c}^R$; sie ist nicht gleich der Relativgeschwindigkeit zwischen Quelle und Mittel.

Die letzte Verallgemeinerung. Zur Gl. IX haben wir für die Radiationsgeschwindigkeit $\mathfrak{c}^R$ einen bestimmten Ausdruck gefunden, entsprechend den gemachten Voraussetzungen. In Hinblick auf die Herkunft der Gl. VIII in § 8 erkennen wir aber jetzt an Gl. IX, daß in der Galileiwelt die Form dieser Gleichung für jede Wellenfläche gelten muß, die aus irgendeiner Quelle von irgendwelcher Bewegung ausläuft und durch irgendein Mittel von irgendwelcher Bewegung hindurchläuft. Denn da sich aus irgendwelchen vorgelegten Feldgleichungen stets bestimmte Werte für $\mathfrak{c}^R$ und $\hat{\mathfrak{c}}$ zur gegenwärtigen Zeit t ergeben, so muß es erstens immer ein wanderndes Ausstrahlungsgebiet R für jede Wellenfläche geben, auch wenn $\mathfrak{c}^R$ für jedes Element einer Wellenfläche und zu jeder anderen Zeit einen anderen Wert annimmt, das Ausstrahlungsgebiet sich mithin nicht wie ein starrer, sondern wie ein flüssiger Körper verhält, muß es zweitens immer eine Relativgeschwindigkeit $\hat{\mathfrak{c}}$, auch Ausdehnungsgeschwindigkeit genannt, in bezug auf dieses Ausstrahlungsgebiet geben, die stets die Richtung der Normalen $\mathfrak{n}$ des betrachteten Elements der Wellenfläche hat.

Zu beachten ist, daß als charakteristische Größe von $\mathfrak{c}^R$ diejenige zu gelten hat, die sich auf die Quelle oder auf das Mittel bezieht. Für jedes andere Bezugsystem ergibt sich der Wert durch eine Transposition dieser nach Galilei.

Selbstverständlich gibt es zu jeder Wellenfläche nur eine Scheinquelle, so viele bewegte Beobachter auch anwesend sein mögen. Mehrere festzustellen blieb der Neuen Lehre von Einstein vorbehalten.

10. Die Wellenflächen einer diskreten Folge von Augenblicks-Erregungen

Man muß unterscheiden zwischen der zeitlichen Lagenfolge ein und derselben Wellenfläche und der augenblicklichen Lagenreihe verschiedener zeitlich aufeinandergefolgter Wellenflächen derselben Quelle. Den letzteren Tatbestand fassen wir jetzt ins Auge. Die Wellenquelle Q setze auf ihrer Wanderung eine diskrete Folge von augenblicklichen Wellenkeimen ab und ihre Verschiebungsgeschwindigkeit $\mathfrak{q}$ sei konstant; von ihrer Drehung $\mathfrak{d}$ sehen wir der Einfachheit halber ab. Die sich ausdehnenden Wellenkeime sind Ovale, deren Form und Größe durch $\mathfrak{q}^2$ und $(\mathfrak{q}\mathfrak{n})^2$ mitbestimmt ist und deren kleine Achse parallel ihrer Bewegung $\mathfrak{c}^R_M = (1 - f)\,\mathfrak{q}$ ist, bezogen auf das Mittel. Die zugehörigen, nacheinander entstandenen Scheinquellen R wandern mit der gleichen Geschwindigkeit und bilden eine Gerade, deren Anfang zur Zeit t in R_0 liegt und deren Ende zu eben dieser Zeit in R zusammen mit der Quelle Q zu suchen ist; siehe Abb. 15. Ihre Länge seit dem Zeitpunkt t_0 ist mithin $(\mathfrak{q} - \mathfrak{c}^R_M)\,(t - t_0) = f \cdot \mathfrak{q}\,(t - t_0)$; sie dehnt sich also mit der Zeit. Diese Dehnung der Geraden ist dadurch bedingt, daß die wahre Quelle eine andere Geschwindigkeit hat wie die scheinbare und sich dauernd neue Scheinquellen vor die alten setzen. — Die zweite Wellenfläche schneidet die erste nicht, wenn vom Mittel aus beobachtet $\mathfrak{c}_{\|} =$

$\hat{\mathfrak{c}}_{\parallel} + (1 - f)\,\mathfrak{q} > \mathfrak{q}$, also wenn $\hat{\mathfrak{c}}_{\parallel} > f\,\mathfrak{q} = -\,\mathfrak{c}_Q^R$ ist. Unter dieser Bedingung bleiben alle späteren Wellenflächen samt der Quelle innerhalb der ersten, der größten, Wellenfläche; so ist es stets im reinen Äther ($f = 0$). Im anderen Falle, $\hat{\mathfrak{c}}_{\parallel} < f\mathfrak{q} = -\,\mathfrak{c}_Q^R$, schneiden sich die aufeinanderfolgenden Wellenflächen, interferieren also. Dann bildet die Gesamtheit der sich ausdehnenden und wandernden ovalen Wellenflächen eine sich dehnende und wandernde Umhüllende mit der Spitze in der wahren Quelle; siehe Abb. 15. Das gilt auch, falls f negativ sein sollte, die Radiationspunkte also der Quelle voraneilen. Der Spitzenwinkel 2ω der Umhüllenden bestimmt sich durch

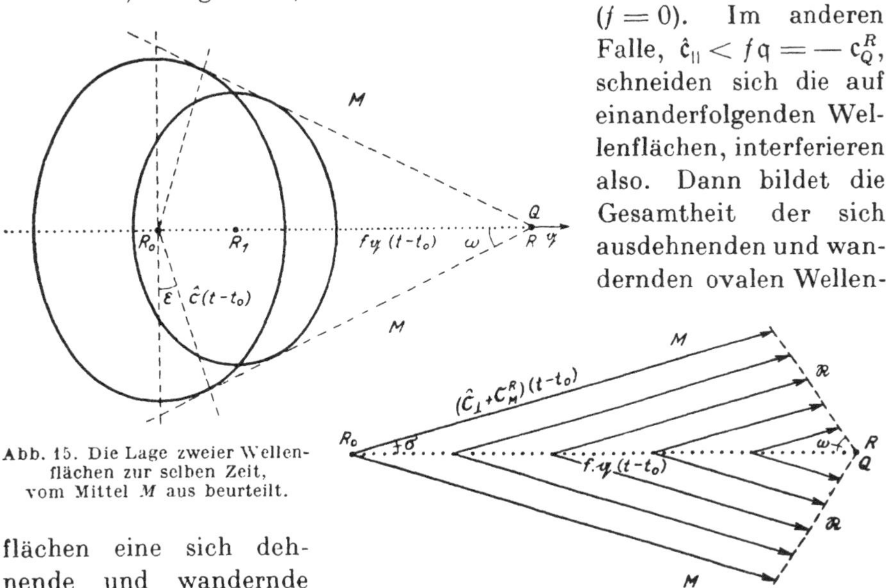

Abb. 15. Die Lage zweier Wellenflächen zur selben Zeit, vom Mittel M aus beurteilt.

Abb. 16. Die von einer diskreten Folge von Wellenflächen im Laufe der Zeit durchlaufenen Bahnen ihrer Flächenelemente, vom Mittel M aus beurteilt, für den Fall, daß die Radiationsgeschwindigkeit $\mathfrak{c}_M^R$ größer ist als die Ausdehnungsgeschwindigkeit $\hat{\mathfrak{c}}_\perp$ senkrecht zu ihr.

$$1)\qquad \sin\omega : \sin\{\varepsilon + \pi/2 - \omega\} = |\hat{\mathfrak{c}}| : |f\mathfrak{q}|,$$

worin $\hat{\mathfrak{c}}$ diejenige Ausdehnungsgeschwindigkeit ist, die mit der großen Achse des Ovals den Winkel ε einschließt; siehe Abb. 15. Wenn insbesondere $f = 1$, was bei rein elastischen Wellen zutrifft, dann ist $\mathfrak{c}_M^R = 0$, dann ruhen alle Radiationspunkte R im Mittel und die Wellenflächen sind, soweit unsere heutigen Erfahrungen reichen, Kugeln. Da dann $\varepsilon = \omega$, vereinfacht sich Gl. 1) zu $\sin\omega = |\hat{\mathfrak{c}}|/|\mathfrak{q}|$, was Überschallgeschwindigkeit voraussetzt. — Ist $|\mathfrak{c}_M^R| = (1 - f)\,|\mathfrak{q}| > |\hat{\mathfrak{c}}_\perp|$, dann bildet sich nach § 7 und § 9 ein Strahlkegel mit dem Strahlwinkel $2\,\sigma = 2 \cdot \operatorname{arctg} |\hat{\mathfrak{c}}_\perp|/|\mathfrak{c}_M^R|$; siehe Abb. 13 (S. 55). Ist außerdem $\hat{\mathfrak{c}}_{\parallel} < f\mathfrak{q}$, in welchem Falle sich die aufeinanderfolgenden Wellenflächen schneiden, dann gibt es auch eine Umhüllende, indem die Strahlspitzen, siehe

Abb. 16, auf einem Kegelmantel liegen, dessen Spitzenwinkel $2\,\omega$ in R mit dem Strahlwinkel $2\,\sigma$ in R_0 in der Beziehung steht

$$2)\qquad \sin\omega : \sin(\omega+\sigma) = \frac{|\hat{\mathfrak{c}}_\perp| + |\mathfrak{c}_M^R|}{f\cdot|\mathfrak{q}|} = \frac{1-f}{f}(1+\operatorname{tg}\sigma);$$

beide Bedingungen zusammen verlangen neben $0 < f < 1$ auch

$$\frac{1}{f} > \frac{|\hat{\mathfrak{c}}_\perp|}{|\hat{\mathfrak{c}}_{\parallel}|} + 1.$$

Bei veränderlichem $\mathfrak{q}$ bietet der Übergang zur Umhüllenden eine Handhabe, um den Fresnel-Faktor f zu messen.

Für die Wellenfläche und ihre etwaige Umhüllende kommt der jeweilige Ort der Quelle nicht in Betracht; letztere ist unwahrnehmbar, obgleich sie strahlt. Nur wenn $f = 0$, also im reinen Äther, liegen die Scheinquellen allezeit bei der wahren Quelle, welches auch der Standort des Beobachters sei.

11. Die Wellenflächen einer stetigen Folge von Augenblicks-Erregungen. Der Doppler-Effekt an einer Wellenschale. Die Unumkehrbarkeit der Welle

Die im vorigen Abschnitt entwickelten Beziehungen gelten nur in einer raschen Folge von unstetigen Wellenflächenerzeugungen, und das ist eine starke Abstraktion; das Quantenhafte an einer Welle ist anders begründet. In Wirklichkeit gebiert eine Quelle eine zeitlich stetige Folge von Phasenwerten, die sich zu einer räumlich stetigen Folge von wandernden Phasenflächen entwickelt. Wir bekommen so das Phasenfeld φ, von dem im 8. Abschnitt die Rede war. Die einzelnen Wellenflächen ordnen sich in der besprochenen Weise im Innern der Welle stetig aneinander, doch tritt dann meist noch eine zweite Wellenphase in die Erscheinung und mit ihr natürlich auch ein zweites Wellenflächensystem. Welle nun ist der Inbegriff solcher Systeme von kohärenten Phasen in Ursprung und in Wanderung, nebst dem mit diesen verbundenen physikalischen Stärkefelde (§ 8). Sooft die φ in der Quelle unstetig werden, sooft beginnt daselbst eine neue Welle. Setzen wir ein einziges, stetiges Mittel voraus, und sehen wir von verwickelteren Fällen der Erregung ab, so bewegt sich in einer frei auslaufenden Welle die zweite Phase wie die erste, aber mit anderer Geschwindigkeit. Doch auch die Geschwindigkeit der ersten Phase ist nun eine andere, denn beide Phasen beeinflussen ihre Bewegungen gegenseitig. Man kann dieses

Doppelsystem und seinen Zusammenhang in der Welle von elementarer Schwankungsform nachweisen [33, 37]. Weiterhin haben wir nun auch eine *stetige* Kette von Ausstrahlungsgebieten R im Raume, die alle auf der Bahn der Quelle ihren Ursprung haben, und welche, *bezogen auf das Mittel*, von der Quellengeschwindigkeit $\mathfrak{q}$ und der Quellendrehung $\mathfrak{d}$ im Augenblicke der Erzeugung der Wellenfläche sofort die Verschiebungsgeschwindigkeit $(1 - f)\,\mathfrak{q}$ und den Drall $(1 - f)\,[\mathfrak{d}, \mathfrak{r} - \mathfrak{a}]$ um denselben ehemaligen Drehpunkt D angenommen und beibehalten haben. Jedes dieser Ursprungsgebiete R beschreibt eine Bahn mit den erhaltenen beiden Geschwindigkeitskomponenten und mit ihm die Wellenfläche ohne Änderung ihrer wachsenden Gestalt, ist diese doch ein reines Zustandsgebilde, das eine Störungsform von der Quelle aus mit einem bestimmten Bruchteil $(1 - f)$ ihrer Geschwindigkeit forttträgt, auch dort, wo die Ausdehnungsgeschwindigkeit entgegengesetzte Richtung hat; siehe hierzu Abb. 17, gezeichnet bei einer im Verhältnis zur Ausdehnungsgeschwindigkeit größeren Radiationsgeschwindigkeit für eine Quellenbewegung ohne Drehung und der Deutlichkeit halber für nur einige Wellenflächen. Im allgemeinen haben dabei die einzelnen R verschiedene Geschwindigkeit und Drehung um verschiedene Drehpunkte. Im Falle $f = 1$ (reine Schallwellen) beschreiben die R keine Bahnen, sondern ruhen alle im Mittel, und zwar hintereinander auf der Bahn, welche die Quelle beschreibt. Im Falle $f = 0$ (reine Ätherwellen) sind die Bahngeschwindigkeiten der Q und der zugehörigen R gleich, doch gehen beide im allgemeinen ihre eigenen Wege. Im Falle der Ruhe der Quelle im Mittel ($\mathfrak{q} = 0 = \mathfrak{d}$) sind und bleiben alle R am Ort ihrer Erzeugung im Mittel, zusammen mit ihren Quellen. Nicht immer laufen die Phasen von ihrer Quelle direkt nach außen. Bei ringförmiger Quelle z. B. laufen auf der der Achse zugekehrten Seite der Quelle die Phasenflächen von der Oberfläche aus zu-

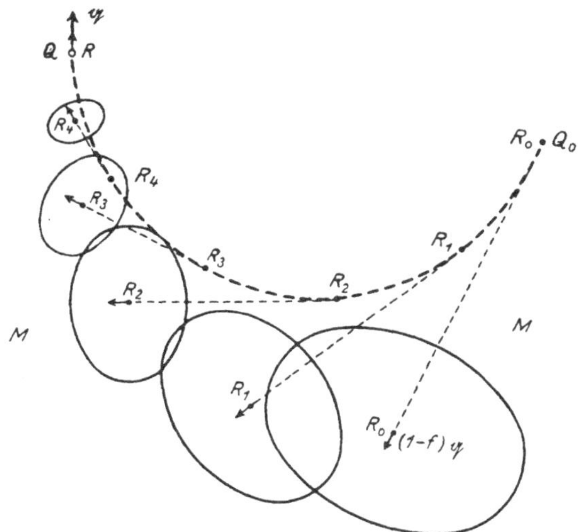

Abb. 17. Einige der von einer bewegten Quelle Q stetig ausgestoßenen Wellenflächen, vom Mittel M aus beobachtet.

nächst nach der Achse zu, sodann sich zusammenziehend durch sich selbst hindurch und erst dann nach außen zu.

Erreicht die auslaufende Welle eine Unstetigkeitsfläche, so verwickelt sich der Vorgang der Ausbreitung bedeutend.

Unser allgemeines Ausbreitungsgesetz IX für jede Phasenfläche kann uns auch dazu dienen, die Frage zu beantworten, wie eine Welle sich verhält, die gezwungen ist, in sich selbst zurückzulaufen, wobei die Normale $\mathfrak{n}$ in $-\mathfrak{n}$ übergeht. Würde dabei die Phase mit entgegengesetzt gleicher Geschwindigkeit durch dasselbe Phasenfeld laufen können, dann müßte $\mathfrak{c}$ in $-\mathfrak{c}$, also $\hat{\mathfrak{c}}$ in $-\hat{\mathfrak{c}}$ und $\mathfrak{c}^R$ in $-\mathfrak{c}^R$ umschlagen können. Letzteres ist aber bei ungeänderter Bewegung der Quelle und des Mittels nach unserem Ausbreitungsgesetz unmöglich. Hiermit ist für den allgemeinen Fall der Bewegung von Quelle und Mittel der Beweis erbracht, daß jede wirkliche Welle — die ebene Welle ist eine auf das äußerste idealisierte — unumkehrbar ist; für den Unterfall der Ruhe hat der Verfasser schon früher den Beweis gegeben [31].

Die Grundformel für die Wanderung einer Phase lautet [37]

XI) $$\varphi(\mathfrak{r}; t) = f(\mathfrak{r}_0; t) - \Phi(\mathfrak{r}; t).$$

Darin mißt $f(\mathfrak{r}_0; t)$ die Zeitfolge der erzeugten Phasen in dem Quellpunkt $(\mathfrak{r}_0)$ und der Feldskalar $\Phi(\mathfrak{r}; t)$ den augenblicklichen Unterschied zwischen der Phase in der Quelle und der gleichzeitigen, anderen Phase im Punkte $(\mathfrak{r})$ der Welle. Bei der Identität der Phase in allen Bezugsystemen folgt aus XI $\Phi(\mathfrak{r}; t) = \hat{\Phi}(\hat{\mathfrak{r}}; t)$, und, da $\dot{\varphi} = \dot{f} - \dot{\Phi}$; $\dot{\hat{\varphi}} = \dot{f} - \dot{\hat{\Phi}}$ in der Galilei-Welt ist, wegen V und VI in § 8

XII) $$\begin{cases} \dot{\hat{\Phi}}(\hat{\mathfrak{r}}; t) = \dot{\Phi}(\mathfrak{r}; t) + (\mathfrak{v} + [\mathfrak{d}, \mathfrak{r} - \mathfrak{a}], \mathfrak{w}) \\ \dot{\Phi}(\mathfrak{r}; t) = \dot{\hat{\Phi}}(\hat{\mathfrak{r}}; t) + (\hat{\mathfrak{v}} + [\hat{\mathfrak{d}}, \hat{\mathfrak{r}} - \hat{\mathfrak{a}}], \hat{\mathfrak{w}}). \end{cases}$$

Weil die Phasen wandern und $\dot{\varphi} = \dot{f} - \dot{\Phi}$ entsprechend φ gebaut ist [37], wandern auch die lokalen Anstiege $\dot{\varphi}$. Es gibt also einen verschwindenden Wert von $d\dot{\varphi}/dt$ für jedes $\dot{\varphi}$. Die Flächen $\dot{\varphi} = \text{const}$ fallen aber keineswegs mit den Flächen $\varphi = \text{const}$ zusammen.

Eine Anzahl stetig benachbarter Wellenflächen fassen wir zusammen und behandeln es als ein Ganzes; das ist um so mehr erlaubt, je dünner das Bündel ist. Ihm kommt ein Ausstrahlungsgebiet R zu, das sich mit einer mittleren Geschwindigkeit $\mathfrak{c}^R$ bewegt. Dies dünne, beständig sich ausdehnende Gebilde nennen wir Wellenschale. Wir legen nun $\hat{\Sigma}$ in dies Gebiet R, in dem nun ein Phasenfeld $\hat{\varphi}$ existiert. Im Innern einer Welle kommen die Wellenflächen $\Phi = \hat{\Phi} =$ const allmählich zur Ruhe, wenn die Wellenfront weit fort ist und ein Wellenrücken noch nicht auftritt. Wir sprechen dann von einer ausgebildeten Welle, die durch $\Phi(\mathfrak{r};\, t) \rightarrow \Phi(\mathfrak{r})$ charakterisiert ist. Dann verlangt in dem Ausdehnungsgebiet R, wo Quelle und Mittel nur von sekundärem Einfluß sind, eine Fläche $\dot{\hat{\varphi}} = \dot{f} - \dot{\hat{\Phi}} =$ const hinsichtlich des Ortes, daß $\dot{\hat{\Phi}}$ verschwindet, daß also die $\hat{\Phi}$-Flächen ruhen. Im Ausdehnungsgebiet einer Wellenschale einer ausgebildeten Welle gilt somit angenähert die Beziehung

$$\text{XIII)} \qquad \dot{\hat{\varphi}} = (\hat{\mathfrak{c}}, \hat{\mathfrak{w}}) \cong \overline{\dot{f}} = \text{const}$$

hinsichtlich des Ortes; die Überstreichung von $\dot{f}$ soll den Mittelwert von $\dot{f}$ über die Entstehungszeit des Wellenflächenbündels anzeigen, das wir als Wellenschale aufgefaßt haben.

Aus ihr folgt einerseits, daß das Gefälle $\mathfrak{w} = \hat{\mathfrak{w}}$ einer Phase längs einer Wellenschale umgekehrt proportional ist der zugehörigen Ausdehnungsgeschwindigkeit $\hat{\mathfrak{c}}$ wie groß die Phasenfläche zur selben Zeit auch sein mag. Andererseits ergibt sich aus VII′ und IX in § 9 als prozentischer Doppler-Effekt längs einer Wellenschale, bezogen auf einen zweiten Beobachter in Σ, mit Rücksicht auf Gl. 2) in § 8

$$\text{X}') \qquad \frac{\dot{\varphi} - \dot{\hat{\varphi}}}{|\dot{\hat{\varphi}}|} = \frac{(\mathfrak{c}^R\,\mathfrak{n})\,|\hat{\mathfrak{w}}|}{|\dot{\hat{\varphi}}|} = \frac{(\mathfrak{c}^R\,\mathfrak{n})}{|\hat{\mathfrak{c}}|} = \frac{(\mathfrak{c}^R_M\,\mathfrak{n})}{|\hat{\mathfrak{c}}|} + \frac{(\mathfrak{u}\,\mathfrak{n})}{|\hat{\mathfrak{c}}|}.$$

Diese Doppler-Verteilung hängt also durchsichtig zusammen mit dem Fresnel-Effekt, d. i. die Existenz eines Radiationsgebietes für jede Wellenschale, welches die letztere sozusagen trägt. Neben dieser Beziehung hat man nach Gl. 2) und V in § 8 auch

$$\text{XIII}') \qquad |\dot{\varphi}| : |\dot{\hat{\varphi}}| = |\mathfrak{c}_n| : |\hat{\mathfrak{c}}|,$$

worin $\dot{\hat{\varphi}}$ eine Konstante längs einer ausgebildeten Wellenschale ist.

Ruhen punktsymmetrische Quelle Q und Mittel M zueinander ($\mathfrak{q} = 0$; $\mathfrak{d} = 0$; $\mathfrak{c}^R_M = 0$), dann sind die Phasenflächen $\hat{\varphi} =$ const und die Phasenanstiegflächen $\dot{\hat{\varphi}} =$ const hinsichtlich des in Q und M festen Bezugsystems $\hat{\Sigma}$ konzentrische Kugeln, weil für Abweichungen von der Punktsymmetrie kein Grund vorliegt. Auch ein relativ zu $\hat{\Sigma}$ bewegter Beobachter Σ sieht weil $\Phi = \hat{\Phi}$ kugelige Phasenflächen, jedoch exzentrische, weil $\mathfrak{c}^R = \mathfrak{u}$ von Null verschieden, Kugeln, deren Radien unabhängig von der Bewegung von $\hat{\Sigma}$ gegen Σ wachsen. Aber $\dot{\varphi} = \dot{f} - \dot{\Phi}$

ist für ihn nach XII an jeder Phasenfläche von Element zu Element verschieden, wobei $\mathfrak{w} = \hat{\mathfrak{w}}$ nach XIII angenähert konstant ist. Der Beobachter Σ stellt daher längs einer Wellenschale variierende Doppler-Effekte fest, die nach X' vorn positiv, hinten negativ sind.

Bewegen sich Q und M gegeneinander, dann sind die Phasenflächen Ovale, und zwar doppelsymmetrisch-ähnliche, wenn das Mittel homogen ist; außerdem ist die Ausdehnungsgeschwindigkeit $\hat{\mathfrak{c}}$ abhängig von der Verschiebungsgeschwindigkeit $\mathfrak{q}$ und dem Drall $\mathfrak{d}$ des Quellgebietes Q gegen das Mittel M. Dabei ist zweierlei, ob Q oder M sich gegen Σ bewegt. Bewegt sich Q gegen M und Σ, die zueinander ruhen ($\mathfrak{u} = 0$), so ist die Ausbreitung eine andere, als wenn M sich gegen Q und Σ, die zueinander ruhen ($\mathfrak{v} = 0$; $\mathfrak{d} = 0$), bewegt. Auch die Doppler-Effekte an einer der ovalen Wellenschalen sind verschieden.

Die zwei korrespondierenden Beobachter Σ und $\hat{\Sigma}$ können qualitativ die drei besprochenen Fälle unterscheiden, von denen der erste Fall vor den beiden anderen ausgezeichnet ist.

Dazu nun ein paar einfache Beispiele zu der Gipfelformel IX, § 9, in denen wir von Drehungen der Bezugsysteme absehen wollen.

Ein in bezug auf die translatorisch sich bewegende Erde E ruhender elektromagnetischer Wellensender Q sendet im reinen Äther ($f = 0$). Wegen $\mathfrak{d} = 0$; $\mathfrak{v} = 0$ ist für einen Beobachter an der Erde $\mathfrak{c}_E^R = 0$, also $\mathfrak{c} = \hat{\mathfrak{c}}$. Für einen bewegten Sender Q dagegen, der im Äther M ruhte, hätte man für denselben Beobachter an der Erde wegen $\mathfrak{d} = 0$; $\mathfrak{q} = 0 = \mathfrak{c}_M^R$; $\mathfrak{v} = \mathfrak{u}$, also $\mathfrak{c}_E^R = \mathfrak{u}$, die andere Formel $\mathfrak{c} = \hat{\mathfrak{c}} + \mathfrak{u}$. Es ist eben im reinen Äther $\mathfrak{c}_Q^R = 0$. — Im Falle einer schwingenden Glocke haben wir für die Schallausbreitung gegenüber einem gegen die Erde ruhenden Beobachter: bei ruhender Glocke im Winde ($\mathfrak{d} = 0$; $\mathfrak{v} = 0$, $f = 1$) die Ausbreitungsformel $\mathfrak{c} = \hat{\mathfrak{c}} + \mathfrak{u}$; bei im Winde ruhender Glocke ($\mathfrak{d} = 0$; $\mathfrak{q} = 0$; $\mathfrak{v} = \mathfrak{u}$) dieselbe Formel, weil wegen $f = 1$ in beiden Fällen $\mathfrak{c}_M^R = 0$ ist und infolgedessen $\mathfrak{c}_E^R = \mathfrak{u}$.

12. Die Wellenstrahlung und ihre Bahn

Wir wenden uns jetzt einer physikalischen Einkleidung des apriorischen Begriffes der Welle zu. Wo in einem Mittel ein physikalisches Feld besteht, da ist auch lokal verteilte Energie. Vorgelegte physikalische Feldgleichungen enthalten nun stets einen Ausdruck über die Zunahme der in einem abgegrenzten Raume enthaltenen Energiemenge, über ihre Vermehrung durch aufgewandte Arbeitsleistung sowie über den Zufluß durch die Oberfläche. Daraus ergibt sich ein Ausdruck für die *Feldenergiedichte* und die *Feldenergieströmung*. In einem *Wellenfelde* insbesondere ist nun letztere, auch kurz *Strahlung* oder *Radiation* $\mathfrak{R}$ genannt, nicht immer ein in jedem Augenblicke gleichgerichtetes Strömen von der Quelle weg, sondern vielfach ein hin- und hergerichtetes, ja, in nicht-einfachen Wellen, in welchen die verschiedenen Phasenfelder einer Welle sich durchkreuzen, sogar ein turbulentes Strömen [36]. Die Wellenstrahlung, als eine physikalische Größe, hängt eben von den physikalischen Feldstärken in einer Welle, also von den Phasenfeldern *und* den physikalischen Stärkefeldern ab.

Wir setzen zunächst einmal eine *einfache* Welle voraus, d. h. eine Welle, in welcher die Phasen verschiedener Phasensysteme am selben Ort parallele oder antiparallele Geschwindigkeiten haben. Die Wellenquelle ist nun zugleich auch die Energiequelle. Sie überträgt in stetiger Verteilung Energie auf jeden Wellenflächenkeim. Indem ein solcher sich dehnt und gleichzeitig fortbewegt, dehnt und bewegt sich mit ihm die aufgenommene Energieverteilung, so daß die augenblickliche Energie an einem Wellenflächenelemente $d\mathfrak{f}$ mit demselben abströmen muß in Richtung seiner *Versatzgeschwindigkeit* $\hat{\mathfrak{c}} + \mathfrak{c}^R$, *nicht* in Richtung $\mathfrak{c} = \hat{\mathfrak{c}} + (\mathfrak{c}^R\,\mathfrak{n})\,\mathfrak{n}$ der Wellennormalen $\mathfrak{w}$; es gäbe ja dann auch im Falle $|\mathfrak{c}^R| \gg |\hat{\mathfrak{c}}_\perp|$ keine nadelförmige Strahlung, sondern bloß ein streuendes Strahlbüschel, siehe § 7. *Auf diesen Richtungsunterschied zwischen Wellennormale und Strahlung bei Bewegung je nach dem Standort, den zum ersten Male die Wellenkinematik klar herausstellt und der nur beim Vorhandensein einer Radiationsgeschwindigkeit* $\mathfrak{c}^R$ *für den Beobachter auftritt, ist auch die Tatsache der Aberration zurückzuführen.* Denn da die Wellenflächennormale in allen Bezugsystemen zur selben Zeit dieselbe Richtung hat, gäbe es sonst für zwei Beobachter zur selben Zeit keinen Richtungsunterschied ein und desselben Wellenstrahlers, was aber feststeht. Von der Natur der Welle ist bei alledem nicht die Rede. Nicht zu übersehen ist, daß auch die Stärke der Strahlung von der Versatzgeschwindigkeit abhängt.

Im Falle einer *nicht-einfachen* Welle, die in der Fluidik [25] oder bei der Totalreflexion als Begleitwelle im zweiten Mittel auftritt [31] oder als geführte Welle [11, 12, 26 bis 28], in welchen Fällen die beiden Phasensysteme einer Welle sich durchkreuzen, hat $\mathfrak{R}$ sowohl eine Komponente in Richtung der Versatzgeschwindigkeit von $d\mathfrak{f}_1$, als auch in Richtung der Versatzgeschwindigkeit von $d\mathfrak{f}_2$; bei elliptisch polarisierten Wellen auch noch eine Komponente senkrecht zu beiden. Diesen allgemeinen Fall behandeln wir aber vorläufig nicht.

Nimmt der Beobachter B seinen Stand in dem Radiationsgebiet einer Wellenschale ein, die von räumlich unendlich benachbarten Phasenflächen gebildet wird, so sind demnach die Bahnen ihrer Flächenelemente $d\mathfrak{f}$ zugleich die Bahnen der Strahlung, d. h. es ist

XIV) $$\hat{\mathfrak{R}} = \varrho \cdot \hat{\mathfrak{c}}.$$

Diese relativen Bahnen der Wellenschalenenergie zeigen die Doppelsymmetrie der früher besprochenen $d\mathfrak{f}$-Bahnen; siehe Abb. 11 (S. 53). Die Bewegung gegen das Mittel macht sich in der Krümmung und selbst in der symmetrischen Verteilung der Strahlen geltend. Der positive Proportionalitätsfaktor ϱ ergibt sich durch eine Dimensionsbetrachtung als proportional der Energiedichte; wir setzen ihn natürlich der letzteren gleich. Außer von dem Ort in der Wellenschale ist die Energiedichte ϱ von der Erregungsform in der Quelle, von den Eigenschaften des Mittels, seiner Bewegung gegen R sowie von dem Abstand von der Scheinquelle abhängig, indem sie mit zunehmender Entfernung abnimmt, und zwar umgekehrt proportional der Schalenoberfläche, falls bei der Wanderung die Energie in der Wellenschale konstant bleibt. Ruht der Beobachter B zu dem zu R gehörigen Quellort Q_0, dann ist $\mathfrak{R}_{Q_0} = \hat{\mathfrak{R}} + \varrho \cdot \mathfrak{c}^R_{Q_0}$, oder ruht B im Mittel M, dann ist $\mathfrak{R}_M = \hat{\mathfrak{R}} + \varrho \cdot \mathfrak{c}^R_M$, wobei $\mathfrak{c}^R_M = \mathfrak{c}^R_{Q_0} + \{\mathfrak{q} + [\mathfrak{d}, \mathfrak{r} - \mathfrak{a}]\}$; der Faktor ϱ muß in beiden Fällen gleich und gleich dem in XIV sein, weil sonst für $\mathfrak{c}^R = 0$ nicht Übereinstimmung zu erzielen wäre. Man erkennt, daß

XV) $$\mathfrak{R}_M = \mathfrak{R}_{Q_0} + \varrho\{\mathfrak{q} + [\mathfrak{d}, \mathfrak{r} - \mathfrak{a}]\}.$$

Die Bewegung des Wellenflächenelementes und die der Energiedichte in einer Welle transponieren sich gleichermaßen nach dem Gesetze der Punktkinematik für verschiedene Bezugsysteme, denn es ist die Energiedichte ϱ unabhängig vom Bezugsystem. Die Abb. 12 und 13 (S. 53 u. 55) für die $d\mathfrak{f}$-Bahnen einer Wellenschale geben also zugleich auch die $\mathfrak{R}$-Bahnen ihrer Energie in bezug auf den zugehörigen Standort in Q_0 oder in M an; sie nehmen ihren Anfang in Q_0. Nur wenn Q_0 und M zu B ruhen ($\mathfrak{q} = 0 = \mathfrak{d}$), ist $\mathfrak{R}_{Q_0} = \mathfrak{R}_M = \hat{\mathfrak{R}}$, strömt die Energie längs den Wellenflächennormalen ab. Selbst in einem homogenen Mittel sind bei Bewegung von Q_0 gegen M die $\mathfrak{R}$-Bahnen gekrümmt, weil die $\hat{\mathfrak{R}}$-Bahnen es sind, was darauf zurückzuführen ist, daß die $d\mathfrak{f}$ sich auf ihrer Wanderung drehen, wenn die Wellenschalen Ovale sind. Im Falle ovaliger

Wellenschalen kann daher bei Bewegung von Q_0 gegen M selbst in einem homogenen Mittel nicht aus der Beobachtung der Strahlrichtung in B auf die Ortsrichtung von R und erst recht nicht auf die von Q_0 geschlossen werden; nur diejenigen $\mathfrak{R}$-Bahnen, deren Flächenelemente $d\mathfrak{f}$ in oder entgegen oder senkrecht zur Radiationsgeschwindigkeit orientiert sind, sind Geraden mit dem Ursprung in Q_0. — Mit wachsenden Werten der Radiationsgeschwindigkeit $\mathfrak{c}^R$ vermindert sich die Rückenstrahlung zugunsten der Stirnstrahlung. Nähert sich $\mathfrak{c}^R$ der Größe der Ausdehnungsgeschwindigkeit $\hat{\mathfrak{c}}_\perp$, dann ist die Rückenstrahlung schon stark verkümmert, was also bei schnellen Kathoden- und Kanalstrahlen auftritt. Die genannte Ungleichheit der Ausstrahlung, diese fast einseitige und deshalb nach vorn verstärkte Strahlung, geht, wenn $|\mathfrak{c}^R| > |\hat{\mathfrak{c}}_\perp|$ in ein vollendet einseitiges Strahlbüschel ohne Rückstrahlung über mit dem Strahlwinkel $2\sigma = 2 \operatorname{arctg} \hat{c}_\perp / c^R$, dessen Spitze in Q_0 liegt; siehe Abb. 13 (S. 55). Dann bewegen sich alle hinteren Elemente der Wellenschale, also auch die mitgeführten Energiedichten, durchweg nach vorwärts, gleicherweise wie die Elemente der Vorderseite. Wir haben eine starke Strahlkonzentration, eine Nadelstrahlung, vor uns. Außerhalb derselben befindet sich keine Spur von strömender Energie, kann also einerseits auch keine wahrgenommen werden, anderseits auch keine Einwirkung auf andere Quellen und Körper erfolgen. — Der Vorgang der Strahlung ist, weil mit der Wellenausbreitung verbunden, unumkehrbar wie diese. Die Strahlen zweier kohärenter Quellen stören sich gegenseitig, obgleich sich ihre Wellen nicht stören. Bei inkohärenten Quellen hängt der Grad der Störung von dem Grad der Inkohärenz und der Dauer der Beobachtung ab. — Wir verallgemeinern jetzt unsere Ergebnisse, indem wir unseren Standort B beliebig annehmen. Dann ist

XVI)
$$\mathfrak{R} = \varrho \cdot \left\{ \hat{\mathfrak{c}} + \mathfrak{c}^R \right\} = \hat{\mathfrak{R}} + \varrho \cdot \mathfrak{c}^R$$

mit

$$\mathfrak{c}^R = \mathfrak{c}^R_M + \mathfrak{u} = \mathfrak{v} - f \cdot \mathfrak{q} + (1 - f)\,[\mathfrak{d}, \mathfrak{r} - \mathfrak{a}]$$

nach Gl. IX in § 9.

Im reinen Äther ($f = 0$) hat die Verschiebungsgeschwindigkeit $\mathfrak{q}$ von Q_0 gegen M keinen Einfluß auf die Strahlabweichung, wohl aber eine Drehung von Q_0. Umgekehrt liegen die Dinge in einem rein elastischen Mittel ($f = 1$).

Bewegt sich ohne Drehung die Quelle und das Mittel auf den Beobachter zu, so nimmt derselbe, weil dann $\mathfrak{v} - f\mathfrak{q} = (1 - f)\,\mathfrak{v} + f\,\mathfrak{u}$

positiv ist, eine verstärkte Strahlung sowie eine erhöhte Wellengeschwindigkeit $|\hat{c} + c^R|$ wahr; bewegen sich dagegen beide von ihm fort, so stellt er an dem auf ihn zukommenden Wellenstrahl verminderte Stärke und Geschwindigkeit $|\hat{c} - c^R|$ fest. In Anbetracht dessen suchen wir die Beantwortung der Frage, ob man ein und dieselbe wandernde Quelle zu gleicher Zeit an verschiedenen Orten wahrnehmen kann. Im Abstand $B_1 P_1$, siehe Abb. 18, habe die Geschwindigkeit $\mathfrak{q}$ der Quelle, bezogen auf das Mittel, die Richtung von B_1 fort. Von hier aus gelange sie auf irgendeinem Bahnstück s in der Zeit t_s zu einem Punkte P_2, im Abstande $B_2 P_2$ vom Beobachter, wo ihre Geschwindigkeit die Richtung auf B zu habe. Braucht die Strahlung die Zeit t_1, um von P_1 nach B_3 zu gelangen, und die Zeit t_2, um von P_2 nach eben demselben Ort B_3 zu gelangen, so treffen die beiden in P_1 und P_2 entsandten Wellenstrahlen $\mathfrak{R}_1$ und $\mathfrak{R}_2$ zu gleicher Zeit aus verschiedenen Richtungen kommend, beim Beobachter in B_3 ein, wenn $t_s + t_2 = t_1$ ist.

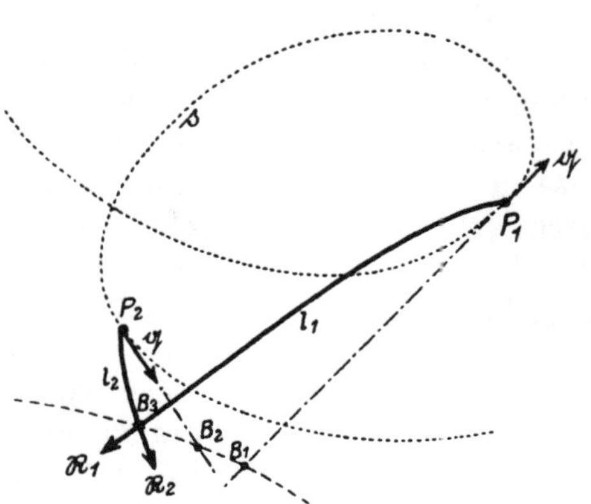

Abb. 18. Die Wahrnehmung einer wandernden Quelle an zwei verschiedenen Orten P_1 und P_2 von einem zum Mittel wandernden Beobachter.

Es sei nun der Einfachheit halber angenommen: $\mathfrak{d} = 0$; $\mathfrak{q}$, $\hat{\mathfrak{c}}$ und $\mathfrak{c}^R$ dem Betrage nach konstant. Dann wird $t_s = s/q$; $t_1 = l_1 : |\hat{\mathfrak{c}}_1 + \mathfrak{c}^R_{M_1}|$; $t_2 = l_2 : |\hat{\mathfrak{c}}_2 + \mathfrak{c}^R_{M_2}|$, worin l_1 und l_2 die schwach gekrümmten Bahnen von P_1 und P_2 nach dem Beobachter in B_3 hin bezeichnen. Somit muß

$$t_s = t_1 - t_2 = \frac{l_1 |\hat{\mathfrak{c}}_2 + \mathfrak{c}^R_{M_2}| - l_2 |\hat{\mathfrak{c}}_1 + \mathfrak{c}^R_{M_1}|}{|\hat{\mathfrak{c}}_1 + \mathfrak{c}^R_{M_1}| \cdot |\hat{\mathfrak{c}}_2 + \mathfrak{c}^R_{M_2}|} = \frac{s}{q} > 0$$

sein, wobei zu beachten ist, daß $\hat{\mathfrak{c}}_2$ und $\mathfrak{c}^R_{M_2}$ gleichgerichtet, $\hat{\mathfrak{c}}_1$ und $\mathfrak{c}^R_{M_1}$ aber gegengerichtet sind. Das Doppelwahrnehmen mit entgegengesetztem Doppler- und Fresnel-Effekt ist um so wahrscheinlicher, je kleiner s/q und um so größer die Radiationsgeschwindigkeit $\mathfrak{c}^R_M$ gegen die Ausdehnungsgeschwindigkeit $\hat{\mathfrak{c}}$ ist. Daß es an Doppelsternen noch nicht beobachtet worden ist, ist wahrscheinlich auf die im Verhältnis zur Lichtgeschwindigkeit geringe Umlaufgeschwindigkeit der Sternkomponente, sowie auf den zu geringen Strahlwegunterschied $l_1 - l_2$ zurückzuführen; ohne Belang ist, daß sich der Vorgang im dreidimensionalen Raume abspielt. — Grenzen mehrere Mittel aneinander, so erfahren die

$\mathfrak{R}$-Bahnen an der Grenzfläche bei schrägem Einfall, wobei die Tangentialkomponente von $\mathfrak{R}$ unstetig ist, einen Knick, auch dann, wenn beide Mittel zueinander ruhen. Von da ab folgt $\mathfrak{R}$ im allgemeinen nur mehr mit einer Komponente den $d\mathfrak{f}$-Bahnen der beiden Wellenflächensysteme, auch dann, wenn die Quelle in der Grenzfläche liegt.

13. Die Aberration der Wellenstrahlung (Bradley-Effekt)

Unter Aberration wollen wir verstehen: den augenblicklichen Richtungsunterschied eines Wellenstrahls an ein und demselben Phasenpunkte für zwei gegeneinander bewegte Beobachter.

Gäbe es keine Radiationsgeschwindigkeit, so wäre in allen Bezugsystemen nach IX $\mathfrak{c} = \hat{\mathfrak{c}}$, der Ausdehnungsgeschwindigkeit der Wellenschale, mithin auch die Strahlrichtung die gleiche. Die Aberration ist mithin ein relativer, wellenkinematisch-energetischer Momentaneffekt, dessen Existenz auf der der Radiationsgeschwindigkeit beruht. Dieser Bradley-Effekt ist wie der Doppler-Effekt von den Eigenschaften und der Bewegung des Mittels und der Quelle, die in $\hat{\mathfrak{c}}$ und $\mathfrak{c}_M^R$ eingehen, abhängig.

Der Aberrationswinkel α ist also gemäß XVI in § 12 bestimmt durch den Betrag von

$$\text{XVII)} \qquad \sin\alpha = \frac{[\mathfrak{R}_1 \mathfrak{R}_2]}{|\mathfrak{R}_1| \cdot |\mathfrak{R}_2|} = \frac{[\hat{\mathfrak{c}} + \mathfrak{c}_M^R, \mathfrak{u}_2 - \mathfrak{u}_1] + [\mathfrak{u}_1 \mathfrak{u}_2]}{|\hat{\mathfrak{c}} + \mathfrak{c}_M^R + \mathfrak{u}_1| \cdot |\hat{\mathfrak{c}} + \mathfrak{c}_M^R + \mathfrak{u}_2|}.$$

Der Effekt ist in erster Linie nicht nur abhängig von der Geschwindigkeit $\mathfrak{u}_2 - \mathfrak{u}_1$ der beiden Beobachter gegeneinander, sondern auch von der Geschwindigkeit beider gegen das Mittel.

Aufschlußreicher ist der Unterfall, daß sich der eine Beobachter mit der Scheinquelle bewegt ($\mathfrak{c}_2^R = 0 = \mathfrak{c}_M^R + \mathfrak{u}_2$). Man kann dann die Sache auch so auffassen, daß nur ein Beobachter da sei, der die Möglichkeit habe, denselben Wellenstrahl unter zwei verschiedenen Richtungen zu beurteilen, einmal wenn die Scheinquelle R der Wellenschale gegen B ruht ($\mathfrak{R} = \hat{\mathfrak{R}}$), einmal wenn dieselbe Scheinquelle gegen B sich bewegt ($\mathfrak{R} = \hat{\mathfrak{R}} + \varrho \cdot \mathfrak{c}^R$), beidemal zu gleicher Zeit unter sonst gleichen Bedingungen. Dann hat man

$$\text{XVII')} \qquad \sin\alpha = \frac{[\hat{\mathfrak{R}}, \mathfrak{R}]}{|\hat{\mathfrak{R}}| \cdot |\mathfrak{R}|} = \frac{[\hat{\mathfrak{c}}, \mathfrak{c}_M^R + \mathfrak{u}]}{|\hat{\mathfrak{c}}| \cdot |\mathfrak{c}_M^R + \mathfrak{u} + \hat{\mathfrak{c}}|}.$$

Man erkennt nun, daß die Aberration sowohl von $\mathfrak{c}^R = \mathfrak{c}_M^R + \mathfrak{u}$ der Bewegung der Scheinquelle gegen den Beobachter als auch von der Bewegung des zugehörigen Quellortes Q_0 gegen das Mittel abhängt, indem auch der Betrag der Ausdehnungsgeschwindigkeit $\hat{\mathfrak{c}}$ auftritt, in welchem noch $\mathfrak{q}$ und $\mathfrak{d}$ gegen das Mittel stecken, die beide sehr groß sein können (Kanalstrahlen). Was die Beträge der eingehenden Geschwindigkeiten anbelangt, so ist der Aberrationswinkel um so kleiner, je größer die Ausdehnungsgeschwindigkeit $\hat{c}$ gegen die Radiationsgeschwindigkeit c^R ist.

Ruht die Quelle gegen den Beobachter, dann ist $\mathfrak{v} = 0 = \mathfrak{d}$ und $\mathfrak{q} = -\mathfrak{u}$ zu setzen. Dann gibt es also die Aberration

$$\text{XVII}'')\qquad \sin x = f \cdot \frac{[\hat{\mathfrak{c}}, \mathfrak{u}]}{|\hat{\mathfrak{c}}| \cdot |\hat{\mathfrak{c}} + f\mathfrak{u}|},$$

allemal wenn das Mittel sich bewegt und der Fresnel-Faktor f von Null verschieden ist. Beobachtet man also insbesondere keine irdischen, optischen Aberrationen bei ruhenden Lichtquellen, so beweist dies, daß entweder der reine Äther an der Erde ruht oder daß in der Umgebung der Lichtquellen der Fresnel-Faktor für den Äther den Wert null hat.

In der Optik fällt die Visierlinie mit der Tangente an die $\mathfrak{R}$-Kurve zusammen. Berücksichtigen wir, was am Ende von § 12 über die Knikkung der Wellenstrahlen an einer Grenzfläche gesagt wurde, so erkennen wir, daß die Füllung eines in B ruhenden Visierfernrohres mit einem anderen Mittel als dem der Umgebung nichts an der Aberration, also auch nichts an der Einstellung des Fernrohres ändert, weil eben der von einer bewegten Quelle kommende und durch ein bewegtes Mittel ankommende Wellenstrahl die Grenzschicht normal durchsetzt, womit der Airysche Versuch erklärt ist.

Die Geschwindigkeit des Mittels bestehe aus einer konstanten Trift $\mathfrak{u}_0$ und einer periodisch wechselnden $\mathfrak{u}$, ferner mögen sich $\mathfrak{c}_M^R$ und $\hat{\mathfrak{c}}$, also die Geschwindigkeit des Ausstrahlungsgebietes R und die seines Relativstrahles $\hat{\mathfrak{R}}$, nur unmerklich ändern. Dann haben wir für zwei um eine halbe Periode verschiedene Zeiten t_1 und t_2 mit den Geschwindigkeiten $\mathfrak{u}_0 + \mathfrak{u}$ und $\mathfrak{u}_0 - \mathfrak{u}$

$$1)\qquad \sin(\mathfrak{R}_{t_1}; \mathfrak{R}_{t_2}) = 2 \cdot \frac{[\mathfrak{u}, \hat{\mathfrak{c}} + \mathfrak{c}_M^R + \mathfrak{u}_0]}{|\hat{\mathfrak{c}} + \mathfrak{c}_M^R + \mathfrak{u}_0 + \mathfrak{u}| \cdot |\hat{\mathfrak{c}} + \mathfrak{c}_M^R + \mathfrak{u}_0 - \mathfrak{u}|}.$$

Setzt man voraus, daß $\mathfrak{c}_M^R + \mathfrak{u}_0$ und $\mathfrak{u}$ sehr klein seien gegen $\hat{\mathfrak{c}}$, so bekommt man aus 1)

$$1') \qquad \sin(\mathfrak{R}_{t_1}; \mathfrak{R}_{t_2}) \cong 2\frac{[\mathfrak{u}, \hat{\mathfrak{c}}]}{\hat{\mathfrak{c}}^2} = 2\frac{|\mathfrak{u}|}{|\hat{\mathfrak{c}}|} \cdot \sin(\mathfrak{u}; \hat{\mathfrak{c}}).$$

Angewandt auf einen Fixstern und die Erde auf ihrer Bahn um die Sonne erhält man daraus für alle zur Beobachtung herangezogenen Fixsternpositionen und zu allen Zeiten seit zwei Jahrhunderten als Strahlendivergenz in Epochen eines Halbjahres den Betrag von 2 mal 20″,475 als große Achsen von Ellipsen, die alle parallel der Ekliptik liegen. Diesem Betrag entspricht eine Umlaufgeschwindigkeit von 29,61 km/sek, wenn für $\hat{c}$ die »Lichtgeschwindigkeit« eingesetzt wird, was sich mit der Umlaufgeschwindigkeit der Erde um die Sonne deckt. Die Fixstern-Aberration verrät mithin nach unserer Formel (1′), die merklich unabhängig von c_M^R und $\mathfrak{u}_0$ ist, daß eine konstante, periodische Ätherwindkomponente $\mathfrak{u}$ existiert, die von dem Umlauf der Erde um die Sonne herrührt, die tatsächlich sehr klein gegen die Lichtgeschwindigkeit ist. Sie beweist ferner, daß die Radiationsgeschwindigkeit c_M^R der Gestirne gegen das Mittel, den Äther, sowie eine etwaige konstante Trift $\mathfrak{u}_0$ des Äthers gegen den irdischen Beobachter unmerklich klein gegen die Lichtgeschwindigkeit ist. Der Zweifel aber bleibt offen, ob nicht an der Erdoberfläche der Äther teilweise oder ganz mitgerissen wird.

Wenn die konstante Trift $\mathfrak{u}_0$ groß ist gegen $\mathfrak{u}$ und $\mathfrak{c}_M^R$, so folgt aus 1)

$$1'') \qquad \sin(\mathfrak{R}_{t_1}; \mathfrak{R}_{t_2}) \cong 2\frac{[\mathfrak{u}, \hat{\mathfrak{c}} + \mathfrak{u}_0]}{(\hat{\mathfrak{c}} + \mathfrak{u}_0)^2} \cong 2\frac{|\mathfrak{u}|}{|\hat{\mathfrak{c}} + \mathfrak{u}_0|} \cdot \sin(\mathfrak{u}; \hat{\mathfrak{c}} + \mathfrak{u}_0),$$

was von der Eigenbewegung der Quelle frei ist und klein ausfällt. — Strahlkrümmung und -aberration üben natürlich auch einen Einfluß auf die optische Winkelmessung an zwei leuchtenden Objekten aus. Sind die Wellenstrahlen gekrümmt — und das sind sie, auch wenn das Mittel homogen ist, allemal wenn die Quellengeschwindigkeit gegen das Mittel und gegen den Beobachter recht beträchtlich ist und der Fresnel-Faktor nicht den Wert 1 hat —, dann ist ohne Kenntnis der Krümmung und der Entfernung eine genaue Messung des Abstandswinkels zweier Radiationspunkte unmöglich. Dazu kommt nun noch der durch ihre Radiationsgeschwindigkeiten bedingte Aberrationseffekt.

Zwei Scheinquellen R_1 und R_2 in ein und demselben Mittel, von zwei Quellen stammend, mögen verschiedene Stärke haben und sich ohne Drehung bewegen, aber soweit von dem Beobachter B entfernt sein, daß ihre nach B entsandten Ausdehnungsgeschwindigkeiten $\hat{\mathfrak{c}}_1$ und $\hat{\mathfrak{c}}_2$ der Richtung und Größe nach als gleich angesehen werden können, was geringe Bewegung gegen das Mittel voraussetzt. Für den Winkel β, den die zugehörigen Wellenstrahlen $\mathfrak{R}_1$ und $\mathfrak{R}_2$ in B miteinander bilden, haben wir

$$2)\quad \begin{cases} \sin\beta = \dfrac{[\mathfrak{R}_1\,\mathfrak{R}_2]}{|\mathfrak{R}_1|\cdot|\mathfrak{R}_2|} = \dfrac{[\hat{\mathfrak{c}}+\mathfrak{c}_M^{R_1}+\mathfrak{u},\ \hat{\mathfrak{c}}+\mathfrak{c}_M^{R_2}+\mathfrak{u}]}{|\hat{\mathfrak{c}}+\mathfrak{c}_M^{R_1}+\mathfrak{u}|\cdot|\hat{\mathfrak{c}}+\mathfrak{c}_M^{R_2}+\mathfrak{u}|} \\ \text{oder } \beta \cong \dfrac{[\mathfrak{c}_M^{R_1}\,\mathfrak{c}_M^{R_2}]+[\mathfrak{c}_M^{R_1}-\mathfrak{c}_M^{R_2},\ \hat{\mathfrak{c}}+\mathfrak{u}]}{|\hat{\mathfrak{c}}+\mathfrak{c}_M^{R_1}+\mathfrak{u}|\cdot|\hat{\mathfrak{c}}+\mathfrak{c}_M^{R_2}+\mathfrak{u}|}. \end{cases}$$

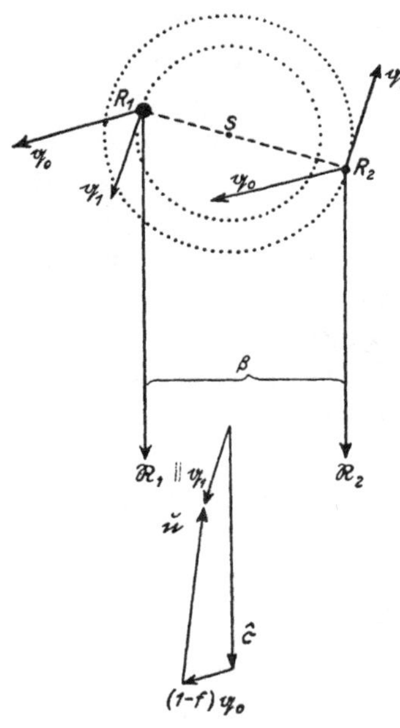

Abb. 19. Messung des Abstandswinkels β der beiden Komponenten eines zum Äther bewegten Doppelstern-Systems von einem zum Äther bewegten Beobachter.

Bewegen sich beide Scheinquellen mit der gleichen Geschwindigkeit $\mathfrak{c}_M^{R_1} = \mathfrak{c}_M^{R_2}$ gegen das bewegte Mittel, dann verschwindet stets der Visierwinkel β, welche Geschwindigkeit auch das Mittel gegen den Beobachter habe. Aber auch bei ungleichen Geschwindigkeiten $\mathfrak{c}_M^R$ ist der Visierwinkel β gleich null, falls der Fresnel-Faktor f den Wert 1 hat.

Handelt es sich insbesondere um ein fernes Doppelsternsystem, so ist

$$\mathfrak{c}_M^{R_1} = (1-f)\,(\mathfrak{q}_0+\mathfrak{q}_1);$$
$$\mathfrak{c}_M^{R_2} = (1-f)\,(\mathfrak{q}_0+\mathfrak{q}_2);$$

$\mathfrak{q}_0$ sei die konstante Bewegung des Systems gegen den reinen Äther, $\mathfrak{q}_1$ und $\mathfrak{q}_2 = -\sigma\,\mathfrak{q}_1$ die Umlaufgeschwindigkeiten der beiden Komponenten um den gemeinsamen Schwerpunkt S; siehe Abb. 19. Da nun

$$\mathfrak{c}_M^{R_1} - \mathfrak{c}_M^{R_2} = (1-f)\,(1-\sigma)\,\mathfrak{q}_1$$

und

$$[\mathfrak{c}_M^{R_1},\ \mathfrak{c}_M^{R_2}] = (1-f)^2\,(1+\sigma)\,[\mathfrak{q}_1\,\mathfrak{q}_0],$$

so hat man nach 2) einen, wegen $\mathfrak{q}_1$, einperiodischen Abstandswinkel, hervorgerufen durch Aberration,

$$2')\quad \beta = (1-\sigma)\,(1-f)\cdot\frac{[\mathfrak{q}_1,\,(1-f)\,\mathfrak{q}_0+\mathfrak{u}+\hat{\mathfrak{c}}]}{|\hat{\mathfrak{c}}+\mathfrak{c}_M^{R_1}+\mathfrak{u}|\cdot|\hat{\mathfrak{c}}+\mathfrak{c}_M^{R_2}+\mathfrak{u}|}.$$

Abgesehen von dem Unterfall $\sigma = 1$ verschwindet derselbe, wenn entweder $(1-f)\,\mathfrak{q}_0+\mathfrak{u}+\hat{\mathfrak{c}}$ verschwindet, was dann dauernd der

Fall ist, oder aber allemal, wenn $\mathfrak{q}_1$ also auch $\mathfrak{q}_2$ parallel oder antiparallel zu $(1-f)\,\mathfrak{q}_0 + \mathfrak{u} + \hat{\mathfrak{c}}$ orientiert sind, siehe Abb. 19; dazu gehören aber große $\mathfrak{q}$ oder $\mathfrak{u}$ im Verhältnis zu $\hat{\mathfrak{c}}$. Bei konstantem $\mathfrak{q}_0$, $\mathfrak{u}$ und $\hat{\mathfrak{c}}$ tritt diese scheinbare Bedeckung zweimal während eines Umlaufs auf. Dann steht jedesmal die Verbindungslinie $\overline{R_1 R_2}$ senkrecht zu $(1-f)\,\mathfrak{q}_0 + \mathfrak{u} + \hat{\mathfrak{c}}$. — Setzt sich die Trift $\mathfrak{u}$ des Mittels gegen die Erde geometrisch zusammen aus $\mathfrak{u}_0$ und $\mathfrak{u}$, wobei $\mathfrak{u}$ periodisch positiv und negativ wird, dann gibt es zwei verschiedene periodische Reihen der Werte $\beta = 0$, um so ausgeprägter je größer $\mathfrak{u}$ gegen $\mathfrak{u}_0$ ist. — Im Falle $f = 1$ wären beide Komponenten nur durch den Doppler-Effekt zu trennen.

Es sei $\mathfrak{q}_0$ die Geschwindigkeit unseres Sonnensystems zum Äther, $\mathfrak{q}$ die Rotationsgeschwindigkeit zweier Randpunkte R_1 und R_2 der Sonnenscheibe in der Ebene des Sonnenäquators, die um den scheinbaren Sonnendurchmesser voneinander abstehen. Die Drehachse der Sonne sei der Einfachheit halber senkrecht zur Ekliptik angenommen. Von einer Krümmung der Wellenstrahlen sowie von einer etwaigen Drehung der Radiationspunkte um sich selbst sei abgesehen, also $\mathfrak{d} = 0$ gesetzt. Für solche zwei Scheinquellen gilt dann

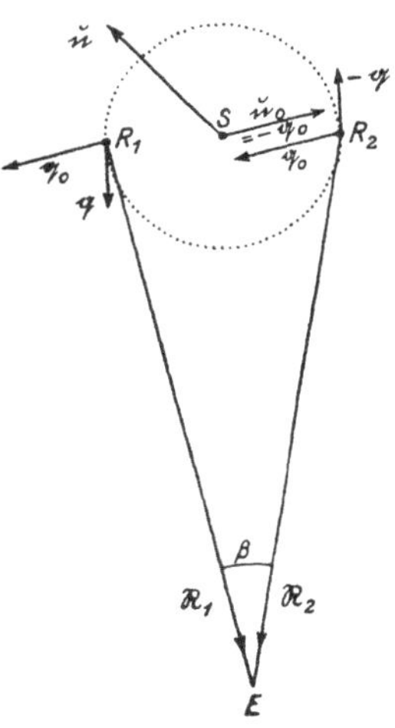

Abb. 20. Messung des scheinbaren Durchmessers der rotierenden Sonne von der Erde aus, beide sich gegen den Äther vorschiebend.

$$\mathfrak{c}_M^{R_1} = (1-f)(\mathfrak{q}_0 + \mathfrak{q});$$
$$\mathfrak{c}_M^{R_2} = (1-f)(\mathfrak{q}_0 - \mathfrak{q}), \text{ so daß}$$
$$\mathfrak{c}_M^{R_1} + \mathfrak{c}_M^{R_2} = 2(1-f)\,\mathfrak{q}_0;$$
$$\mathfrak{c}_M^{R_1} - \mathfrak{c}_M^{R_2} = 2(1-f)\,\mathfrak{q};$$
$$[\mathfrak{c}_M^{R_1}, \mathfrak{c}_M^{R_2}] = 2(1-f)^2\,[\mathfrak{q}\,\mathfrak{q}_0].$$

Die Verbindungslinie Sonnenmitte—Erde steht senkrecht zum Sonnendurchmesser $\overline{R_1 R_2}$, hat also die Richtung $\mathfrak{q}$ (siehe Abb. 20) und dreht sich mit der Erde um die Sonne. Die Randpunkte mit den Topographen $\mathfrak{r}$ und $-\mathfrak{r}$, vom Sonnenmittelpunkt aus gemessen, sind also in jedem Augenblick andere. Für die Ausdehnungsgeschwindigkeiten der Wellenschalen hat man

$$\hat{\mathfrak{c}}_1 = (\hat{\mathfrak{c}}_1\,\mathfrak{q})\,\mathfrak{q}/\mathfrak{q}^2 + (\hat{\mathfrak{c}}_1\,\mathfrak{r})\,\mathfrak{r}/\mathfrak{r}^2, \quad \hat{\mathfrak{c}}_2 = (\hat{\mathfrak{c}}_2\,\mathfrak{q})\,\mathfrak{q}/\mathfrak{q}^2 + (\hat{\mathfrak{c}}_2\,\mathfrak{r})\,\mathfrak{r}/\mathfrak{r}^2;$$
$$(\hat{\mathfrak{c}}_1\,\mathfrak{q}) = (\hat{\mathfrak{c}}_2\,\mathfrak{q}); \quad (\hat{\mathfrak{c}}_1\,\mathfrak{r}) = -(\hat{\mathfrak{c}}_2\,\mathfrak{r}),$$

mithin $\hat{\mathfrak{c}}_1 + \hat{\mathfrak{c}}_2 = 2(\hat{\mathfrak{c}}_1\,\mathfrak{q})\,\mathfrak{q}/\mathfrak{q}^2$; $\hat{\mathfrak{c}}_1 - \hat{\mathfrak{c}}_2 = 2(\hat{\mathfrak{c}}_1\,\mathfrak{r})\,\mathfrak{r}/\mathfrak{r}^2$.

Der Äther bewege sich mit der Geschwindigkeit $\mathfrak{u}_0 + \mathfrak{u}$ gegen die Erde, worin $\mathfrak{u}_0 = -\mathfrak{q}_0$ die konstante, $\mathfrak{u}$ die beim Umlauf der Erde um die Sonne periodisch wechselnde Äthertrift bezeichne. Für den scheinbaren, durch die Bewegung der Scheinquellen R_1 und R_2 veränderlichen Sonnendurchmesser β haben wir nach XVI § 12

$$\sin\beta = [\mathfrak{R}_1 \mathfrak{R}_2] : (|\mathfrak{R}_1| \cdot |\mathfrak{R}_2|)$$

mit

$$[\mathfrak{R}_1 \mathfrak{R}_2] = \varrho^2 [\hat{\mathfrak{c}}_1 + \mathfrak{c}_M^{R_1} + \mathfrak{u}_0 + \mathfrak{u},\ \hat{\mathfrak{c}}_2 + \mathfrak{c}_M^{R_2} + \mathfrak{u}_0 + \mathfrak{u}]$$

$$= \varrho^2 \left\{[\hat{\mathfrak{c}}_1 \hat{\mathfrak{c}}_2] + [\mathfrak{c}_M^{R_1} \hat{\mathfrak{c}}_2] - [\mathfrak{c}_M^{R_2} \hat{\mathfrak{c}}_1] + [\mathfrak{c}_M^{R_1} \mathfrak{c}_M^{R_2}] + [\mathfrak{u}_0 + \mathfrak{u}, \hat{\mathfrak{c}}_2 - \hat{\mathfrak{c}}_1 + \mathfrak{c}_M^{R_2} - \mathfrak{c}_M^{R_1}]\right\}$$

oder durch Erweiterung

$$\varrho^2 \Big\{[\hat{\mathfrak{c}}_1 \hat{\mathfrak{c}}_2] + [\mathfrak{u}_0 + \mathfrak{u}, \hat{\mathfrak{c}}_2 - \hat{\mathfrak{c}}_1 + \mathfrak{c}_M^{R_2} - \mathfrak{c}_M^{R_1}] + [\mathfrak{c}_M^{R_1} \mathfrak{c}_M^{R_2}]$$

$$+ [\mathfrak{c}_M^{R_1} - \mathfrak{c}_M^{R_2},\ \hat{\mathfrak{c}}_2] + [\mathfrak{c}_M^{R_2} \hat{\mathfrak{c}}_2] - [\mathfrak{c}_M^{R_2} - \mathfrak{c}_M^{R_1}, \hat{\mathfrak{c}}_1] - [\mathfrak{c}_M^{R_1} \hat{\mathfrak{c}}_1]\Big\}.$$

Nach dem Vorangehenden verschwinden darin das 4. und das 6. Glied zusammen, sind ferner das 5. und 7. Glied zusammen gleich

$$(1-f)\, 2\, (\hat{\mathfrak{c}}_2 \mathfrak{r})\, [\mathfrak{q}_0 - \mathfrak{q}, \mathfrak{r}] : \mathfrak{r}^2.$$

Somit wird schließlich

$$3)\ \sin\beta = \frac{[\hat{\mathfrak{c}}_1 \hat{\mathfrak{c}}_2] + 2[\mathfrak{u}_0 + \mathfrak{u}, (\hat{\mathfrak{c}}_2 \mathfrak{r})\frac{\mathfrak{r}}{\mathfrak{r}^2} - (1-f)\mathfrak{q}] + 2(1-f)^2 [\mathfrak{q}\mathfrak{q}_0] + 2(1-f)(\hat{\mathfrak{c}}_2 \mathfrak{r}) \left[\mathfrak{q}_0 - \mathfrak{q}, \frac{\mathfrak{r}}{\mathfrak{r}^2}\right]}{|\hat{\mathfrak{c}}_1 + \mathfrak{c}_M^{R_1} + \mathfrak{u}_0 + \mathfrak{u}| \cdot |\hat{\mathfrak{c}}_2 + \mathfrak{c}_M^{R_2} + \mathfrak{u}_0 + \mathfrak{u}|}.$$

Das erste Glied würde den scheinbaren Sonnendurchmesser liefern bei ruhenden Scheinquellen gegen die Erde, also bei Abwesenheit von Aberration. Der Fresnel-Faktor f ist in den Leuchtteilchen der Photosphäre sicher merklich von Null verschieden, fällt aber gegen die Erde hin, dem Ort der Messung, rasch ab auf den Wert null im reinen Äther. In unserer Beziehung ist merklich nur $\mathfrak{u}$ periodisch, so daß β einperiodisch schwankt. — Wir haben nun drei spezifische Wellen-Effekte kennengelernt: den Doppler-, den Fresnel- und den Bradley-Effekt. Alle drei Effekte sind ohne ein spezifisches Wellenprinzip nicht darstellbar.

14. Die Wellenlänge

Ist die Quellungsform periodisch (Periode $\tau = 2\pi/\nu$ mit ν = Quellenfrequenz), dann ist auch außerhalb der Quelle infolge der von den wandernden Phasen mitgeführten Quellungsform überall im physikalischen Felde die lokale Feldstärke periodisch, wenn auch nicht immer von derselben Periode [37]. Periodizität in der Welle kann unter Umständen auch auftreten, wenn die Erregung in der Quelle nichtperiodisch ist [31, 34]. Einer zeitlichen Periode τ an einer Stelle im unperiodischen Phasenfelde entspricht zu gleicher Zeit eine räumliche Periode λ in der Umgebung derselben Stelle, wenn auch nicht für alle physikalischen Feldwerte Ω, so doch für die ausgezeichneten Werte, d. s. die Nullwerte von Ω und seinen Ableitungen nach Zeit und Raum [29]. Die räumliche Periode oder Wellenlänge λ ist also eine Eigentümlichkeit nicht an der Phasenwanderung, sondern an dem physikalischen Felde infolge einer von den Phasen mitgeführten zeitperiodischen Quellungsform und somit zu verschiedenen Zeiten und an verschiedenen Stellen einer Welle verschieden. Wenn es auch anschaulich ist von Wellenlängen zu reden, so ist daher doch theoretisch eine Charakterisierung periodischer Wellen nach der Quellenfrequenz, die überall in einer Welle die gleiche ist, vorzuziehen.

Um nun zu zeigen, wie sich die Wellenlänge λ berechnet, greifen wir den einfachen Fall heraus, wo die Feldstärke von elementarer Schwankungsform ist [29], also

$$1)\quad \Omega = {}^1/_2\, e^{-\varphi''} \left\{\omega' \cdot \cos\varphi' - \omega'' \cdot \sin\varphi'\right\} = \sqrt{\omega'^2 + \omega''^2} \cdot e^{-\varphi''} \cdot$$
$$\cdot \cos\left\{\varphi' + \operatorname{arctg} \omega''/\omega'\right\} \text{ mit } \varphi' = \nu' t - \Phi' \text{ und } \varphi'' = \nu'' t = \varphi'',$$

worin ν' und ν'' Konstanten. Die Wellenlänge λ zwischen den Flächen $\Omega_\beta = 0$ und $\Omega_\alpha = 0$ ergibt sich aus

$$\left\{\varphi_\beta' + \operatorname{arctg}\left(\frac{\omega''}{\omega'}\right)_\beta\right\} - \left\{\varphi_\alpha' + \operatorname{arctg}\left(\frac{\omega''}{\omega'}\right)_\alpha\right\} = \pm\, 2\pi,$$

so daß

$$\text{XVIII)}\ \varphi_\beta' - \varphi_\alpha' = \pm\, 2\pi + \operatorname{arctg} \frac{\left(\frac{\omega''}{\omega'}\right)_\alpha - \left(\frac{\omega''}{\omega'}\right)_\beta}{1 + \left(\frac{\omega''}{\omega'}\right)_\alpha \cdot \left(\frac{\omega''}{\omega'}\right)_\beta} = \int_\alpha^\beta (d\,\mathfrak{s}, \operatorname{grad}\varphi)$$
$$= \int_\beta^\alpha (d\,\mathfrak{s}, \mathfrak{w}) = \left\{(\mathfrak{s}\,\mathfrak{w})_\alpha - (\mathfrak{s}\,\mathfrak{w})_\beta\right\} - \int_\beta^\alpha (d\,\mathfrak{w}, \mathfrak{s}),$$

worin $d\,\mathfrak{s}$ ein Stück der Strahlungsbahn, die von dem Phasengefälle $\mathfrak{w}$ abweicht; siehe § 12. Gl. XVIII ist die verwickelte Definitionsgleichung der augenblicklichen Wellenlänge λ in dem physikalischen Wellenfelde zwischen den Phasenflächen φ_α und φ_β, beurteilt von einem beliebigen Bezugsystem Σ aus. Es bedeutet keine Beschränkung, wenn wir der Mitte zwischen φ_α und φ_β den Wert $\mathfrak{s} = 0$ beilegen. Ist der augenblickliche Unterschied der Phasengefälle $\mathfrak{w}$ sowie der Verhältnisse ω''/ω' der beiden Wellenskalare zwischen (α) und (β) unbeträchtlich, so wird

$$\text{XVIII}')\quad 2\pi = (\mathfrak{s}_\alpha - \mathfrak{s}_\beta, \mathfrak{w}) = \lambda \cdot \cos(\mathfrak{s}; \mathfrak{w}) \cdot |\mathfrak{w}| = \lambda \cdot \cos(\mathfrak{s}; \mathfrak{w}) \cdot \frac{|\dot{\varphi}|}{|\mathfrak{c}_n|}$$

nach Gl. 2) in § 8. Die Bahn $\mathfrak{s}$, längs welcher die Wellenlänge zu messen ist, ist die des Wellenflächenelementes $d\mathfrak{f}$ mit der Normalen $\mathfrak{n}$, also die Richtung von $\hat{\mathfrak{c}} + \mathfrak{c}^R$. Somit ist in einer einfachen Welle der stets positive Wert von $\cos(\mathfrak{s}; \mathfrak{w}) =$

$$\cos(\mathfrak{s}; \mathfrak{w}) = \cos(\hat{\mathfrak{c}} + \mathfrak{c}^R; \mathfrak{n}) = \frac{|\mathfrak{c}_n|}{|\hat{\mathfrak{c}} + \mathfrak{c}^R|},$$

so daß die Wellenlänge

$$\text{XVIII}'')\quad \lambda = \frac{2\pi}{|\mathfrak{w}|} \cdot \frac{|\hat{\mathfrak{c}} + \mathfrak{c}^R|}{|\hat{\mathfrak{c}} + (\mathfrak{c}^R \mathfrak{n})\mathfrak{n}|} = \frac{2\pi}{|\dot{\varphi}|} \cdot |\hat{\mathfrak{c}} + \mathfrak{c}^R|.$$

Nur für Wellenflächenelemente $d\mathfrak{f}$, die sich parallel oder antiparallel zur Radiationsgeschwindigkeit $\mathfrak{c}^R$ bewegen, ist die Wellenlänge $\lambda = 2\pi|\mathfrak{w}|$, also in verschiedenen Bezugsystemen in demselben Phasenpunkte hinsichtlich desselben Ausbreitungsvorganges gleich.

Vom Radiationsgebiet aus beurteilt ist in der zugehörigen ausgebildeten Wellenschale, weil $\mathfrak{c}^R = 0$

$$\text{XVIII}''')\quad \hat{\lambda} = \frac{2\pi}{|\hat{\mathfrak{w}}|} = 2\pi \cdot \frac{\hat{c}}{\nu}$$

gemäß XVIII″ mit $\nu = \dot{\hat{\varphi}} \cong \text{const}$ nach XIII in § 11. Neben dem Doppler-Effekt der Wellenfrequenz

$$\text{XIII}')\quad \frac{|\dot{\varphi}|}{\nu} = \frac{c_n}{\hat{c}},$$

worin $\nu \cong \text{const}$ längs der Wellenschale haben wir auch den Doppler-Effekt der Wellenlänge

$$\text{XIII}'')\quad \frac{\lambda}{\hat{\lambda}} = \frac{c}{c_n} = \frac{|\hat{\mathfrak{c}} + \mathfrak{c}^R|}{|\hat{\mathfrak{c}} + (\mathfrak{c}^R \mathfrak{n})\mathfrak{n}|} \geqq 1$$

bei gleicher Wellennormale $\mathfrak{w}$ für ein und denselben Phasenpunkt. Im Gegensatz zur Strahlung und der Wellenlänge bezieht sich der Doppler-Effekt der Wellenfrequenz nur auf die Richtung der Wellennormale.

15. Wellenfrequenz und Wellenlänge an einer Wellenschale

Eine punktsymmetrische Quelle setze in stetiger Folge Wellenkeime ab von einer Form, die proportional sei einer harmonischen Funktion der Zeit, und zwar eine Periode lang. Es entwickeln sich zwei mehr oder weniger schmale konfokale Wellenflächensysteme, die wir in bezug auf das Folgende je als ein Ganzes mit einem einzigen Radiationsgebiet R auffassen dürfen, als eine wachsende Wellenschale mit der ungleichen Dicke einer Wellenlänge, überall an ihr und zu jeder Zeit während der Wanderung.

α) Am Ende des 7. Abschnittes haben wir hervorgehoben, daß wenn die punktsymmetrische Quelle und das Mittel zueinander ruhen, die Phasenflächen konzentrische Kugeln sind für einen zu beiden ruhenden Beobachter $\hat{B}$, daß somit $\hat{\mathfrak{w}}$ punktsymmetrisch verteilt ist und ebenso der Phasenanstieg $\dot{\hat{\varphi}}$. Deshalb wird dann auch die Wellenlänge $\hat{\lambda}$ überall längs einer ausgebildeten Wellenschale als gleich groß beurteilt.

β) Bewegen sich dagegen dieselbe Quelle und dasselbe Mittel gemeinsam gegen einen Beobachter B, so stellt B, da $\mathfrak{w} = \hat{\mathfrak{w}}$, ebenfalls Kugelflächen fest, jedoch exzentrische, weil für ihn $\mathfrak{c}^R \neq 0$, und im Vergleich mit ebengenanntem Beobachter $\hat{B}$, der im Radiationsgebiet ruht, nach X′ § 11 Doppler-Effekte der Wellenfrequenz $(\dot{\varphi} - \nu) : \nu = (\mathfrak{c}^R \mathfrak{n}) : \hat{c}$ an jeder sich ausdehnenden und bewegenden ausgebildeten Wellenschale mit $\dot{\hat{\varphi}} \cong \nu = \text{const}$, positive Effekte auf der Vorderseite, negative auf der Rückseite und keine auf der Mittelzone, wo $\dot{\varphi} = \nu$ ist wie bei Ruhe. Die Unterschiede sind um so größer, je größer c^R gegen $\hat{c}$ ist. Ferner stellt B eine Wellenlänge λ fest, die weil $|\mathfrak{w}| = |\hat{\mathfrak{w}}| = \text{const}$ nach XIII″ § 14 wie der Faktor $|\hat{\mathfrak{c}} + \mathfrak{c}^R| : |\hat{\mathfrak{c}} + (\mathfrak{c}^R \mathfrak{n}) \mathfrak{n}| \geq 1$ längs der Wellenschale variiert mit $\mathfrak{c}^R$ als Symmetrieachse. Parallel und antiparallel zu $\mathfrak{c}^R$ ist $\lambda_{\parallel} = \hat{\lambda}$, dagegen quer dazu $\lambda_{\perp} > \hat{\lambda}_{\perp} = \hat{\lambda}$. Die Wellenlänge ist somit am größten in der Mittelzone, am kleinsten an den beiden Polen der Wellenschale und dort gleich der der Ruhe. Die Verteilung der Wellenfrequenz aber auch die der Wellenlänge längs einer Wellenschale zeigt nur eine Symmetrie, nämlich in bezug auf $\mathfrak{c}^R$ als Achse.

γ) Bewegen sich punktsymmetrische Quelle und Mittel zueinander, dann ist die Wellenschale nach § 11 ein Oval. Zwar mißt vom Radiationsgebiet R aus ein Beobachter überall an ihr die gleiche Wellenfrequenz $\dot{\hat{\varphi}} \cong \nu$, aber verschiedene Wellenlängen $\hat{\lambda}$ nach XVIII‴, weil $\hat{c}$ längs dem Umfange variiert. Jeder andere Beobachter aber stellt Unterschiede in der Wellenfrequenz $\dot{\varphi}$ und in der Wellenlänge λ längs der Schale fest.

Wir heben zwei Unterfälle hervor.

γ_1) Ruht die sich gegen das Mittel bewegende Quelle gegen den Beobachter ($\mathfrak{v} = 0 = \mathfrak{d}$), dann ist $\mathfrak{c}^R = \mathfrak{c}^R_Q = -f \cdot \mathfrak{q}$. Er nimmt an einer ausgebildeten Wellenschale nach XIII' und XIII'' nur dann verschiedene Wellenfrequenzen und Wellenlängen wahr, wenn der Fresnel-Faktor $f \neq 0$ ist, also z. B. bei Schallwellen (ruhende, schwingende Glocke im Luftwinde), nicht dagegen bei reinen Ätherwellen (ruhendes, schwingendes Elektron im Ätherwinde).

γ_2) Ruht das sich gegen die Quelle bewegende Mittel gegen den Beobachter und dreht sich die Quelle nicht ($\mathfrak{u} = 0 = \mathfrak{d}$; $\mathfrak{v} = \mathfrak{q}$), dann ist $\mathfrak{c}^R = \mathfrak{c}^R_M = (1 - f)\, \mathfrak{q}$. Er nimmt nur dann verschiedene Wellenfrequenzen und Wellenlängen an der Wellenschale wahr, wenn der Fresnel-Faktor $f \neq 1$ ist, also z. B. bei Ätherwellen (bewegtes, schwingendes Elektron im ruhenden Äther), nicht dagegen bei Schallwellen (bewegte, schwingende Glocke in ruhender Luft).

Man sieht, daß beide Fälle verschiedene Effekte geben, wenn nicht gerade $f = 1/2$ ist.

Überschauen wir unsere annahmenfreien und meist strengen Ausführungen über Wellenflächenform, Wellenfrequenz und Wellenlänge, so erkennen wir: Die Forderung einer strikten Relativität aller Naturvorgänge ist wellenkinematisch unerfüllbar. Ein Beobachter kann von sich aus schon an der Form, der Wellenfrequenz- und der Wellenlängenverteilung an einer Wellenschale feststellen, ob der Phasenerreger, die Quelle, und der Phasenübermittler, das Mittel, zueinander ruhen oder nicht, ob er selbst sich mit der Scheinquelle bewegt oder nicht. Man muß somit zwischen physikalischer und wellenkinematischer Relativität unterscheiden.

Den Fall der Wellenemission eines harmonisch-schwingenden Elektrons bei Translation näher betrachtend, schreiben wir, ν für $\dot{\varphi}$ setzend, die allgemeine Beziehung X in § 9 in der Form

$$1)\qquad \frac{\nu - \nu_Q}{\nu_Q} = \frac{(\mathfrak{v}\,\mathfrak{n})}{c_{nQ}} = \frac{|\mathfrak{v}|}{|\hat{c} + c^R_Q \cos\gamma|} \cdot \cos\gamma,$$

worin ν_Q und c_Q die Frequenz und die Phasengeschwindigkeit sein sollen, vom Elektron Q aus beurteilt, und γ den Winkel zwischen der Wellenschalennormalen $\mathfrak{n}$ und der Flugrichtung bezeichnet. Die Form dieser Beziehung ist rein wellenkinematisch. Praktisch ist das zweite Glied im Nenner klein gegen das erste. Auf der Vorderseite einer der emittierten Wellenschalen, da wo ihre Normale $\mathfrak{n}$ parallel der Flugrichtung $\mathfrak{v}$ zeigt, herrscht dann die Maximalfrequenz, die sich aus $(\nu_{max} - \nu_Q) : \nu_Q$

$= |\mathfrak{v}| : \hat{c}$ berechnet. Führen wir diesen Wert in unsere Beziehung ein, so kommt

$$1') \qquad \frac{\nu_{\max} - \nu}{\nu_Q} = \frac{\nu_{\max} - \nu_Q}{\nu_Q} - \frac{\nu - \nu_Q}{\nu_Q} \cong \frac{|\mathfrak{v}|}{\hat{c}} \cdot \left\{1 - \cos\gamma\right\}.$$

Zahlenmäßig geht rechts nur der Faktor $|\mathfrak{v}| : \hat{c}$ ein; er allein ist physikalischer Natur. Der kontinuierliche Wellenfrequenzbereich wird tatsächlich beobachtet. Man darf natürlich nicht, wie es geschehen ist, aus ihm auf eine Emission unendlich vieler Wellen verschiedener Frequenz schließen. Es handelt sich um eine Welle mit einer Quellenfrequenz ν_Q, die aber je nach der Beobachtungsrichtung verschieden beurteilt wird, weil eben die Quelle sich bewegt.

16. Die Theorie von Versuchs-Anordnungen zur Messung der charakteristischen Geschwindigkeiten in einer einfachen Welle, die durch ein homogenes und isotropes Mittel von konstanter Geschwindigkeit läuft und von einer Dauerquelle herkommt, welche sich mit konstanter Geschwindigkeit gegen das Mittel bewegt, ohne sich zu drehen

An charakteristischen Geschwindigkeiten treten auf: 1. die Radiationsgeschwindigkeit $\mathfrak{c}_Q^R = -\mathfrak{f} \cdot \mathfrak{q}$ der Scheinquelle R einer Wellenschale gegen ihre Quelle Q_0. Statt $\mathfrak{c}_Q^R$ kann man auch die Radiationsgeschwindigkeit $\mathfrak{c}_M^R = (1 - \mathfrak{f})\,\mathfrak{q} = \mathfrak{c}_Q^R + \mathfrak{q}$ einführen, die sich auf das Mittel M bezieht; 2. die Ausdehnungsgeschwindigkeit $\hat{\mathfrak{c}}_{\parallel}$ des Wellenschalenelementes parallel oder antiparallel zu $\mathfrak{q}$; 3. die Ausdehnungsgeschwindigkeit $\hat{\mathfrak{c}}_{\perp}$ des Wellenschalenelementes quer zu $\mathfrak{q}$. Es sei in allen Fällen die Geschwindigkeit der Quelle und des Mittels kleiner als die Ausdehnungsgeschwindigkeit, so daß stets $c^R < \hat{c}$, es also zu keiner Umhüllenden (§ 6) kommt.

Im folgenden kommt es vor, daß einer Welle ein ruhender Spiegel in den Weg gestellt wird. Die durch ihn rückgeworfene Welle $\mathfrak{c}_r = \hat{\mathfrak{c}}_r + \mathfrak{c}_r^R$ muß, weil es sich um eine Phasenwanderung handelt, aus der Lage $(\mathfrak{c}_i^R;\ \mathfrak{n}_i)$ der gegebenen einfallenden Wellenschale $\mathfrak{c}_i = \hat{\mathfrak{c}}_i + \mathfrak{c}_i^R$ völlig bestimmbar sein. Allgemein verlangt die Wanderung ein und derselben Wellenphase bei Einfall, der eine Wellenverästelung auslöst, daß ihre Spurgeschwindigkeit längs der Unstetigkeitsfläche U in den einzelnen Sekundärwellen gleich sei [37], also

$$1) \qquad \mathfrak{c}_{is} = \mathfrak{c}_{rs} = \mathfrak{c}_{ds} \text{ usw.}$$

Außerdem sind die Beträge der Ausdehnungsgeschwindigkeiten $\hat{\mathfrak{c}}_i$, $\hat{\mathfrak{c}}_r$, $\hat{\mathfrak{c}}_d$ usw. sowie die Radiationsgeschwindigkeiten $\mathfrak{c}_i^R$, $\mathfrak{c}_r^R$, $\mathfrak{c}_d^R$ usw. als Funktionen der Eigenschaften und Geschwindigkeit der bezüglichen Mittel sowie der Geschwindigkeit $\mathfrak{q}$ der Quelle im ersten Mittel als bekannt anzusehen, indem sie sich aus vorgegebenen Feldgleichungen analytisch gewinnen lassen. Unbekannt dagegen und an U zu bestimmen sind die Richtungen $\mathfrak{n}_r$, $\mathfrak{n}_d$ usw. der bezüglichen Wellennormalen. Dabei erleiden an U nicht nur die Beträge der Ausdehnungsgeschwindigkeiten einen angebbaren Sprung, sondern auch die Radiationsgeschwindigkeiten $\mathfrak{c}^R$ einen vorläufig nicht angebbaren. Letztere Aufgabe kann erst gelöst werden, wenn man durch Feldanalyse das Ausbreitungsgesetz bei stetig inhomogenem Mittel, inhomogen sowohl nach den Eigenschaften als auch nach der Geschwindigkeit, ermittelt hat und dann zur Grenze zweier verschieden homogener Mittel mit verschiedener Geschwindigkeit übergegangen ist. Wir können uns hier mit der Fesstellung begnügen, daß an U jedenfalls

2) $$\mathfrak{c}_r^R + {}^U\mathfrak{c}_r^R = \mathfrak{c}_d^R + {}^U\mathfrak{c}_d^R \text{ usw.} = \mathfrak{c}_i^R,$$

mit den noch unbekannten Sprüngen ${}^U\mathfrak{c}_r^R$und ${}^U\mathfrak{c}_d^R$. Die nun aufstellbaren Formeln für die Richtungen $\mathfrak{n}_r$ $\mathfrak{n}_d$ usw. in den sekundären Wellenschalen sind ungemein verwickelt, glücklicherweise aber hier nicht vonnöten. Zu beachten ist, daß insbesondere die Scheinquelle R_r der zurückgeworfenen Wellenschale sich hinter der U-Fläche von U weg bis in die Unendlichkeit bewegt, wenn sich die Scheinquelle R_i der einfallenden Wellenschale auf U zu und hindurch bewegt. Bei einer Dauerquelle haben wir eine kontinuierliche Reihe von wandernden Scheinquellen R_i, R_r, R_d usw., von denen die letzteren später einsetzen, nämlich dann, wenn die einfallende Wellenschale die U-Fläche berührt. Erlischt die Dauerquelle, so brechen die Reihen hinten ab.

a) Der Querversuch $(\mathfrak{n}_i\, \mathfrak{c}_i^R) = 0$ zur Messung der Ausdehnungsgeschwindigkeit $\hat{c}_\perp$. Die in der Dauerquelle Q erzeugten Scheinquellen R wandern von ihr fort mit der Radiationsgeschwindigkeit $\mathfrak{c}^R$, von der wir voraussetzen, daß wenigstens ihre Richtung bekannt sei. Aus dem System der von uns beobachteten Wellenstrahlen, die sich stetig nebeneinander reihen und von Q auslaufen, betrachten wir einen solchen ausgeblendeten, dessen Wellenschalennormale $\mathfrak{n}$ quer zu $\mathfrak{c}^R$ gerichtet ist, für welchen also $\mathfrak{c}_n = \hat{\mathfrak{c}}_\perp$ ist. Dieser Strahl ist nach § 7 und § 12 ein gerader Strahl, hat aber nicht die Richtung von $\hat{\mathfrak{c}}_\perp$, sondern die von $\hat{\mathfrak{c}}_\perp + \mathfrak{c}^R$. Das Verhältnis $c^R : \hat{c}_\perp$ bestimmt den Aberrationswinkel α. Stellen wir nun diesem Strahl einen ruhenden Spiegel S entgegen, dessen Ebene parallel zu $\mathfrak{c}_i^R$ angeordnet ist, so wird zwar $\mathfrak{c}_{rn} = -\mathfrak{c}_{in} = -\hat{\mathfrak{c}}_{i\perp}$, aber der rückgeworfene Strahl wird infolge der ihm eingeprägten Radiationsgeschwindigkeit $\mathfrak{c}_r^R$ um den Aberrationswinkel α_r abgelenkt, der genau genommen von α_i verschieden ist; siehe Abb. 21a, weil $\mathfrak{c}_r^R \neq \mathfrak{c}_i^R$. Die Wellenlänge λ ist in beiden Strahlen praktisch gleich, doch kann es nur dann zu einigen Knotenflächen kommen, wenn die Strahlen hinreichend breit sind. Soll der rückgeworfene Strahl mit dem auslaufenden zusammenfallen, also durch den Ort Q_{t_0} laufen, dann muß der Spiegel um ungefähr den Winkel α in seiner Ebene gedreht werden, siehe Abb. 21b; dann ist die trennende Wirkung der Aberration bei Hin- undherlauf kompensiert. Man bemerkt, daß jetzt die einfallende Wellengeschwindigkeit $\mathfrak{c}_{in}$ nicht mehr normal zu S gerichtet ist, weshalb die rückgeworfene es ebenfalls nicht ist. Die Wellenflächenelemente kreuzen sich daher, was aber in Abb. 21b nicht gezeichnet werden konnte. Stehen auch beide zusammenfallende Strahlen nicht quer zu $\mathfrak{c}_i^R$, so doch $\hat{\mathfrak{c}}_i$ und angenähert auch $\hat{\mathfrak{c}}_r$. Jetzt gibt es auch bei schmächtigen Wellenstrahlen eine Reihe von ruhenden Knotenflächen. Aus ihrem doppelten Abstande λ ergibt sich nunmehr nach XVIII' in § 14

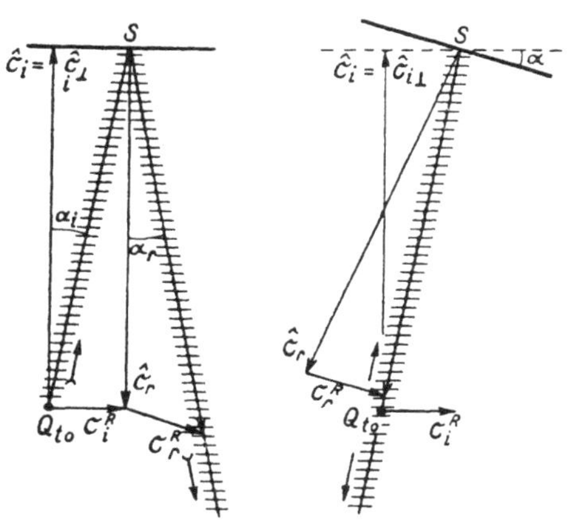

Abb. 21a Abb. 21b.
Anlauf und Rückwurf eines Quer-Wellenstrahles in einem Michelson-Interferometer, dessen Achse parallel der einfallenden Radiationsgeschwindigkeit orientiert ist: a) ohne, b) mit Kompensation der geringen Aberration durch Spiegeldrehung.

3) $$\hat{c}_\perp = \lambda \cos\alpha \cdot |\dot{\varphi}| : 2\pi$$

bei gegebener Richtung von $\mathfrak{c}_i^R$ in der ankommenden Welle; $|\dot{\varphi}|$ ist die Wellenfrequenz von uns aus beobachtet, die aber hier nach X' in § 11 gleich der Quellenfrequenz ist. Können wir auch noch die mittlere Aberration α messen, dann liefert uns 3) die Ausdehnungsgeschwindigkeit $\hat{c}_\perp$ quer zur Radiationsgeschwindigkeit $\mathfrak{c}_i^R$. Ein etwaiger Einfluß der Mittel- und Quellengeschwindigkeit macht sich in der Wellenlänge bemerkbar.

Von den stetig aufeinander folgenden Scheinquellen ist es immer nur eine in bestimmter augenblicklicher Lage, die ihre Wellenschale an ein und dieselbe Stelle des Spiegels anlaufen lassen kann. Die Radiationsgeschwindigkeit eben dieser Schale ist es, die in 3) eingeht. An ihr können wir Doppler-Effekte der Frequenz feststellen mit Ausnahme der

Mittelzone, wo $(\mathfrak{c}^R \mathfrak{n}) = 0$ und deshalb $|\dot{\varphi}| = \nu$ ist. Bequem ist es, noch einen Auffangspiegel A-S zu verwenden, um die Quelle weit außerhalb der Meßanordnung haben zu können.

Ändert die Dauerquelle ihre Bewegungsrichtung, wie z. B. ein Gestirn, so ändert sich auch die Richtung des ankommenden Wellenstrahls am Ort des Auffangspiegels A-S ständig. Durch Spiegeldrehung kann wohl dem Wellenstrahl aber nicht auch der Radiationsgeschwindigkeit c^R konstante Richtung gegeben werden; siehe Abb. 17 (S. 71).

b) Der Längsversuch, $[\mathfrak{n}, \mathfrak{c}^R] = 0$, zur Messung der Ausdehnungsgeschwindigkeit $\hat{c}_{||}$. Man kann daran denken, auch hier durch einen ruhenden Spiegel S, der den längs der als bekannt vorausgesetzten Richtung von $\mathfrak{c}_i^R$ laufenden Wellenstrahl ohne Aberration zurückwirft $(\mathfrak{n}_r = -\mathfrak{n}_i)$, Interferenzen durch Wellengegenlauf zu erzeugen, vorausgesetzt, daß es zu einer rücklaufenden Welle kommt (§§ 7 und 10). An einer ausgebildeten Wellenschale variiert nach § 15, vom Radiationsgebiet aus beurteilt, die Wellenlänge $\hat{\lambda} = 2\pi \cdot \hat{c} : \nu$ wie $\hat{c}$, ist also in zwei Flächenelementen $df_{||}$ parallel und antiparallel zur Radiationsgeschwindigkeit $\mathfrak{c}^R$ gleich. Nach XIII'' in § 14 sind also dort auch die λ gleich. Es ist deshalb

$$\lambda_{i||} = 2\pi \frac{|\mathfrak{c}_{i||}|}{|\dot{\varphi}_i|} = 2\pi \frac{\hat{c}_{i||}}{\nu}; \quad \lambda_{r||} = 2\pi \frac{|\mathfrak{c}_{r||}|}{|\dot{\varphi}_r|} = 2\pi \frac{|\mathfrak{c}_{r||}|}{\nu},$$

so daß wegen der Gleichheit von $\hat{c}_{i||}$ und $\hat{c}_{r||}$

$$\lambda_{i||} = \lambda_{r||} \text{ und } \frac{|\dot{\varphi}_r|}{|\dot{\varphi}_i|} = \frac{|\mathfrak{c}_{r||}|}{|\mathfrak{c}_{i||}|} = \frac{|-\mathfrak{c}_{i||} + \mathfrak{c}_r^R|}{|\mathfrak{c}_{i||} + \mathfrak{c}_i^R|} < 1.$$

Trotz verschiedenen Radiationsgeschwindigkeiten sind also in der normal zum Spiegel einfallenden und rückgeworfenen Welle die Wellenlängen gleich, so daß

4) $$\hat{c}_{i||} = \lambda_{||} \cdot \nu : 2\pi,$$

unabhängig von dem Sprung ${}^U\mathfrak{c}_r^R$ der Radiationsgeschwindigkeit in der rückgeworfenen Welle. Mit Ausnahme der Quellenfrequenz ν sind aber die Wellenfrequenzen $|\dot{\varphi}_i|$ und $|\dot{\varphi}_r|$ ungleich. Wir können für sie noch eine andere Beziehung herleiten. Es ist nach X' und XIII in § 11

$$\frac{\dot{\varphi}_i - \nu}{\nu} = \frac{(\mathfrak{c}_i^R \mathfrak{n}_i)}{|\hat{c}_{i||}|} \text{ bzw. } \frac{\dot{\varphi}_r - \nu}{\nu} = \frac{(\mathfrak{c}_r^R \mathfrak{n}_r)}{|\hat{c}_{r||}|} = -\frac{(\mathfrak{c}_i^R \mathfrak{n}_i)}{|\hat{c}_{i||}|} + \frac{({}^U\mathfrak{c}_r^R \mathfrak{n}_i)}{|\hat{c}_{i||}|}$$

mit Rücksicht auf Gl. 2). Folglich hat man

5) $$\frac{\dot{\varphi}_i - \dot{\varphi}_r}{\nu} = 2\frac{(\mathfrak{c}_i^R \mathfrak{n}_i)}{|\hat{c}_{i||}|} - \frac{({}^U\mathfrak{c}_r^R \mathfrak{n}_i)}{|\hat{c}_{i||}|}.$$

Falls der Sprung ${}^{U}\mathfrak{c}_{r}^{R}$ nicht überwiegt, ist also an der Vorderseite der einfallenden Welle die Wellenfrequenz größer als an der Hinterseite der rückgeworfenen Welle, deren Scheinquelle mit der der einfallenden Welle gleiche Richtung hat.

Ein anderer Weg. Wir spalten den ankommenden Wellenstrahl in zwei parallellaufende Teile mit gleichen Wellenschalen und von nahezu gleicher Stärke und senden den einen durch ein Rohr der Länge l, den anderen durch ein daneben befindliches paralleles Rohr der gleichen Länge. Beide Rohre seien parallel der als bekannt vorausgesetzten Richtung der ankommenden Radiationsgeschwindigkeit $\mathfrak{c}^R$ angeordnet und mit dem gleichen, zunächst ruhenden Mittel erfüllt. Hinter den Rohren bringen wir beide gleichlaufende, kohärente Wellen auf irgendeine Weise zur Interferenz im Gleichlauf, zu ruhenden Streifen, die wir beobachten. Wegen $\mathfrak{u} = 0$ und $\mathfrak{c}^R_{1M} = \mathfrak{c}^R_{2M}$ haben wir $(\hat{\mathfrak{c}}_{\parallel} + \mathfrak{c}^R_M, \mathfrak{n}) = c_0 = \lambda_0 \nu : 2\pi$.

Bringen wir nun das Mittel auf konstante, aber in beiden Rohren entgegengesetzt gleiche Geschwindigkeiten $\mathfrak{u}_2 = -\mathfrak{u}_1$ parallel den Rohrachsen, derart daß $\mathfrak{u}_1$ und $\hat{\mathfrak{c}}_{1\parallel}$ gleiche Richtung haben, dann treten zwei verschiedene Radiationsgeschwindigkeiten von derselben Quelle herrührend auf: $\mathfrak{c}^R_1 = \mathfrak{c}^R_{1M} + \mathfrak{u}_1$; $\mathfrak{c}^R_2 = \mathfrak{c}^R_{2M} - \mathfrak{u}_1 = \mathfrak{c}^R_1 - 2f\,\mathfrak{u}_1$, weil aus $\mathfrak{v} = \mathfrak{u}_1 + \mathfrak{q}_1 = -\mathfrak{u}_1 + \mathfrak{q}_2$ folgt: $\mathfrak{q}_2 = \mathfrak{q}_1 + 2\,\mathfrak{u}_1$; dabei ist von der Verschiedenheit der Sprünge der Radiationsgeschwindigkeit beim Übergang der Welle von Q nach den Mitteln (1) und (2) abgesehen. In entsprechenden Wellenschalen in beiden Rohren ist die Quellenfrequenz ν die gleiche, sind aber die $\hat{c}_{\parallel}$ ungleich, weil die Geschwindigkeiten der Quelle zu den beiden Mitteln verschieden sind. Infolgedessen sind auch die $\hat{\lambda}_{\parallel}$ bzw. $\lambda_{\parallel}$ gemäß XVIII″ und XIII″ § 14 in beiden Rohren ungleich, daher die Interferenz im Gleichlauf eine Art Schwebung. Nur wenn

6) $\hat{c}_{1\parallel} \cong \hat{c}_{2\parallel}$ hat man $\hat{c}_{1\parallel} \cong \hat{c}_{2\parallel} = \lambda_{\parallel} \cdot \nu : 2\pi$ nach XVIII‴.

Aber auch dann sind die Wellenfrequenzen $\dot{\varphi}_1$ und $\dot{\varphi}_2$ ungleich, indem nach X′ und XIII in § 11

$$\frac{\dot{\varphi}_1 - \nu}{\nu} = \frac{(\mathfrak{c}^R_1\,\mathfrak{n})}{\hat{c}_{1\parallel}}; \quad \frac{\dot{\varphi}_2 - \nu}{\nu} = \frac{(\mathfrak{c}^R_1 - 2f\,\mathfrak{u}_1, \mathfrak{n})}{\hat{c}_{2\parallel}}$$

ist, so daß

7) $$\frac{\dot{\varphi}_1 - \dot{\varphi}_2}{\nu} \cong 2f \cdot \frac{(\mathfrak{u}_1\,\mathfrak{n})}{\hat{c}_{\parallel}}, \text{ falls } \hat{c}_{1\parallel} \cong \hat{c}_{2\parallel}.$$

Man kann dann also f oder $\hat{c}_{\parallel}$ des bewegten Mittels durch Messung der

Wellenlänge oder des Doppler-Effektes der Wellenfrequenz feststellen, ohne über die frühere Bewegung der Quelle etwas wissen zu müssen.

Konstante Wellengeschwindigkeiten vorausgesetzt, braucht die Wellenphase zum Durchlaufen des ersten Rohres die Zeit $t_1 = l : |\hat{\mathfrak{c}}_{1\parallel} + \mathfrak{c}_1^R|$ und im zweiten Rohre die Zeit $t_2 = l : |\hat{\mathfrak{c}}_{2\parallel} + \mathfrak{c}_2^R| = l : |\hat{\mathfrak{c}}_{2\parallel} + \mathfrak{c}_1^R - 2 f \mathfrak{u}_1|$. Sind außerhalb der Rohre die Mittel und die Wege zum Beobachtungsort gleich, so ist der Zeitunterschied in Bruchteilen der Periode $\tau_0 = \lambda_0/c$

$$8) \qquad \frac{t_2 - t_1}{\tau_0} = \frac{l}{\lambda_0} \frac{c_0}{|\hat{\mathfrak{c}}_{1\parallel} + \mathfrak{c}_1^R|} \cdot \frac{|\hat{\mathfrak{c}}_{1\parallel} + \mathfrak{c}_1^R| - |\hat{\mathfrak{c}}_{2\parallel} + \mathfrak{c}_1^R - 2 f \mathfrak{u}_1|}{|\hat{\mathfrak{c}}_{2\parallel} + \mathfrak{c}_1^R - 2 f \mathfrak{u}_1|}$$

zugleich die Streifenverschiebung in Bruchteilen eines Streifenabstandes gegenüber dem Falle ($\mathfrak{u} = 0$) im Gleichlauf zweier gegabelter kohärenter Wellenteile verschiedener Wellenfrequenz. Die Richtung von $\hat{\mathfrak{c}}_{1\parallel}$ und $\mathfrak{c}_1^R$ sind auf die von $\mathfrak{u}_1$ bezogen, die wir positiv nennen wollen. Da selbstverständlich $\mathfrak{c}_1$ und $\mathfrak{c}_2$ gleiche Richtung haben müssen, ist $\hat{c}_\parallel > c^R$ Voraussetzung.

Sind die Geschwindigkeiten $\mathfrak{q}_1$ und $\mathfrak{q}_2$ der Quelle gegen die beiden Mittel nicht sehr verschieden, also $\mathfrak{u}$ klein gegen $\mathfrak{q}$ oder beide $\mathfrak{q}$ klein gegen die Ausdehnungsgeschwindigkeit $\hat{c}_\parallel$, so daß $\hat{c}_{1\parallel} = \hat{c}_{2\parallel}$ gesetzt werden kann, dann verschwindet die Zählerdifferenz Z in 8) allemal, wenn $f = 0$ ist, gleichgültig in welchem Bewegungszustand sich die Quelle einst befand, als sie die Wellenschale entsandte. Ist aber $f \neq 0$, dann ist $Z = 2|\hat{\mathfrak{c}}_\parallel + \mathfrak{c}_1^R| - 2|f \mathfrak{u}_1|$, wenn $|\hat{\mathfrak{c}}_\parallel + \mathfrak{c}_1^R| < 2|f \mathfrak{u}_1|$ sowie außerdem $\hat{\mathfrak{c}}_\parallel + \mathfrak{c}_1^R \gtrless 0$ und $f \gtrless 0$ zusammengehören; dieser Fall verstößt meist gegen die Voraussetzung und ist dann mit Streifenlosigkeit verbunden. Ist dagegen $\hat{\mathfrak{c}}_\parallel + \mathfrak{c}_1^R| > 2|f \mathfrak{u}_1|$, dann ist

$$8') \qquad Z = \pm 2|f \mathfrak{u}_1|,$$

je nachdem bei $\hat{\mathfrak{c}}_\parallel + \mathfrak{c}_1^R \gtrless 0$ die Werte $f \gtrless 0$ bzw. $\lesseqgtr 0$ sind.

Von besonderem Interesse ist der Unterfall, daß die Quelle ruht. Dann hat man insbesondere $\mathfrak{c}_{1Q}^R = f \mathfrak{u}_1$; $\mathfrak{c}_{2Q}^R = -f \mathfrak{u}_1$, so daß

$$8'') \qquad \frac{t_2 - t_1}{\tau_0} = \frac{l}{\lambda_0} \cdot \frac{c_0 Z}{|\hat{c}_\parallel^2 - f^2 \mathfrak{u}_1^2|} \qquad \text{mit } Z = |\hat{\mathfrak{c}}_\parallel + f \mathfrak{u}_1| - |\hat{\mathfrak{c}}_\parallel - f \mathfrak{u}_1|.$$

Da der Fall $\hat{c}_\parallel < f \mathfrak{u}_1 = c_Q^R$ gegen die obige Voraussetzung verstößt, kommt nur $Z = \pm 2|f \mathfrak{u}_1| = \pm 2 c_{1Q}^R$, je nachdem $f \gtrless 0$ ist, in Frage. So ist bei bekannter Mittelgeschwindigkeit $\mathfrak{u}$ der Fresnel-Faktor oder die Ausdehnungsgeschwindigkeit $\hat{c}_\parallel$ meßbar. Auf elektromagnetischem Gebiete folgt aus der Feldtheorie von Lorentz, der einzigen nach-Hertzischen, die nicht von vorneherein als unmöglich von uns erkannt ist, $\hat{c}_{\parallel} = \sqrt{1 - f \cdot \mathfrak{u}^2/c_0^2} \cdot c_0/\sqrt{\varepsilon}$ mit $f = 1 - 1/\varepsilon$, falls die dynamische Dielektrizitätskonstante $\varepsilon \geq 1$ ist, siehe § 2, welche Formeln nun an unseren Ausdrücken experimentell zu prüfen wären, die unabhängig sind von irgendeiner speziellen Feldtheorie.

In der Optik bewegter Mittel ist die zuletzt besprochene Versuchsanordnung zur Messung der Radiationsgeschwindigkeit c^R im bewegten Mittel benutzt und daraus weiter auf seinen Fresnel-Faktor f geschlossen worden, indem man als Geschwindigkeit $\mathfrak{u}$ des Mittels die der bewegten Materie ansah (Fizeau-Zeemann). Das war freilich nur möglich, weil man — in Unkenntnis der Anisotropie der Ausdehnungsgeschwindigkeit $\hat{c}$ — ohne weiteres $\hat{c}_{\parallel} = c_0$ gesetzt und mit mäßigen Mittelgeschwindigkeiten $\mathfrak{u}$ gearbeitet hat.

Die Radiationsgeschwindigkeit $\mathfrak{c}^R$, die einer Wellenschale verliehen ist, ist, falls sie keine Sprünge erlitten hat, durch einen Längsversuch nach 5) oder 7) durch den Doppler-Effekt der Wellenfrequenz oder nach 8) infolge einer Streifenverschiebung feststellbar, sobald die Ausdehnungsgeschwindigkeit $\hat{c}_{\parallel}$ ermittelt ist.

Einer Aussprache über den Bewegungszustand der Wellenquelle haben wir uns bisher enthalten. Ändert die Dauerquelle Q denselben — wie z. B. ein Gestirn —, dann ändert sich auch die dem augenblicklichen Wellenkeim mitgegebene Radiationsgeschwindigkeit $\mathfrak{c}^R_M$, die aber im Laufe der Entfaltung von der Wellenschale zeitlich und örtlich beibehalten wird, wenn das Mittel homogen ist. Aus der stetigen Reihe der punktförmig angenommenen Scheinquellen, der Radiationspunkte R, ist immer nur derjenige für die Messung im Gerät maßgebend, dessen Radiationsgeschwindigkeit mit dem Wellenstrahl, der von Q ausgegangen ist, das Gerät zur Zeit der Messung erreicht. Diese Geschwindigkeit kann sehr weit zurück in der Vergangenheit erzeugt sein und ist aus dem Doppler-Effekt nur in ihrer radialen Komponente meßbar, auch bei Drehung der Quelle. Wir verstehen nun, daß es uns nichts nützen würde, das Meßgerät drehbar zu machen und seine Achse dem einfallenden Wellenstrahl nachzuführen oder auch durch bewegte Spiegelung (Heliostaten) dem ins Gerät fallenden Wellenstrahl auf längere Zeit konstante Richtung zu geben. Wir würden dabei in Unkenntnis bleiben über die Richtung der in Betracht kommenden Radiationsgeschwindigkeit und über die Orientierung der Geschwindigkeitsrose ($\hat{\mathfrak{c}}_{\parallel}$; $\hat{\mathfrak{c}}_{\perp}$). Die Interferenzstreifen werden also im allgemeinen wandern müssen. Unsere angeführten Versuchsanordnungen geben also nur dann zuverlässige Ergebnisse, wenn die ankommenden Wellenschalen Radiationsgeschwindigkeiten mitbringen, die konstant — insbesondere gleich null — sind.

17. Zusammenfassende Schlußworte

Es ist nicht verwunderlich, daß unser Aufbau der Theorie der Welle, welche Theorie mit Begriffen arbeitet, die vor aller möglichen Physik existieren, auch eine Kritik der bisherigen Rechenverfahren auslöst, mit denen man schlecht und recht Wellenaufgaben erledigte. Was insbesondere die Ausbreitung von bewegten Quellen aus in bewegten Mitteln anbelangt, die den Inhalt der vorliegenden Abhandlung ausmacht, so hat man neunerlei nicht gewußt:

1. daß es für jede Wellenfront mit der Normalen $\mathfrak{n}$ bei Relativbewegung zwischen Quelle und Mittel ein Radiationsgebiet R mit einer Scheinquelle gibt, relativ zu welchem die Wellenfront sich gemäß einer Geschwindigkeitsrose ausdehnt, deren Radien $\hat{\mathfrak{c}}$ echte und im einzelnen angebbare, von den Eigenschaften und der Bewegung des Mittels abhängige, aber nicht durch eine reine Transpositionskinematik ermittelbare Relativgeschwindigkeiten sind;

2. daß es eine im einzelnen angebbare, von den Eigenschaften und der Bewegung des Mittels abhängige, aber nicht durch eine reine Transpositionskinematik ermittelbare Radiationsgeschwindigkeit $\mathfrak{c}^R$ gibt, die von der Wellenfront in einem homogenen Mittel dauernd beibehalten wird und die im allgemeinen nicht identisch ist mit der Geschwindigkeit $\mathfrak{u}$ des Mittels (Fresnel-Effekt);

3. daß das Gesetz der Phasenwanderung nicht lautet $\mathfrak{c} = \hat{\mathfrak{c}} + (\mathfrak{u}\,\mathfrak{n})\,\mathfrak{n}$ oder $\hat{\mathfrak{c}} + (\mathfrak{c}^R\,\mathfrak{n})\,\mathfrak{n}$, auch nicht $\hat{\mathfrak{c}} + \mathfrak{u}$, sondern $\mathfrak{c} = \hat{\mathfrak{c}} + \mathfrak{c}^R$, wobei $\hat{\mathfrak{c}}$ stets die Richtung der äußeren Flächennormale $\mathfrak{n}$ hat;

4. daß die genannte Ausbreitungsformel ihrer Herkunft nach nur für einen in bezug auf die zugehörige Wellenquelle ruhenden Beobachter gilt;

5. daß es eine gleichgebaute, im einzelnen angebbare Formel auch für einen in dem Wellenträger, dem Mittel, ruhenden Beobachter gibt, der die zugehörige Wellenquelle bewegt sieht;

6. daß die Wellennormale, das Phasengefälle $\mathfrak{w}$, in allen Bezugsystemen zur selben Zeit den gleichen Wert hat nach Richtung und Größe, infolgedessen die zweigliedrige Fortpflanzungsformel $\mathfrak{c} = \hat{\mathfrak{c}} + \mathfrak{c}^R$ mit entsprechender Radiationsgeschwindigkeit $\mathfrak{c}^R$ für jede Wellenfläche

gilt, die aus irgendeiner Quelle von irgendwelcher Bewegung ausläuft und durch irgendein Mittel von irgendwelcher Bewegung hindurchläuft;

7. daß die Wellenstrahlung eben diesen durch $\mathfrak{c}$ angezeigten Weg nimmt;

8. daß die Aberration ein relativer, wellenkinematisch-physikalischer Begriff ist, dessen Existenz auf die der Radiationsgeschwindigkeit und der Wellenenergie gegründet ist und infolgedessen auch vom Fresnel-Effekt abhängt;

9. daß mit dem Wesen der Welle nur die universelle Zeit verträglich ist.

Kein Wunder also, daß alle diesbezüglichen bisherigen Rechenverfahren unhaltbar sind, unhaltbar daher auch manche Schlüsse, die man auf allen Gebieten der Physik aus Experimenten an Wellen in bewegten Mitteln oder von bewegten Quellen gezogen hat. Als folgenschwerster steht da der Michelson-Versuch, der eine wichtige Aussage über den Bewegungszustand des Äthers erlauben soll, mit welchem außerdem die auf ihn begründete Neue Raumzeitlehre von Einstein steht und fällt. Es liegt uns daher ob, die wahre Theorie dieses berühmten Versuches zu geben und mit ihr Kritik an dem Schlusse aus dem Versuch zu üben. Das geschieht in den beiden nachfolgenden Hauptstücken B und C.

18. Der Wellen-Impuls einer Wellen-Schale

Den von Abraham im Jahre 1903 in die Elektromagnetik eingeführten Ausdruck $df \cdot \mathfrak{R}/\hat{c}^2 = \mathfrak{g}$ nennen wir für alle Wellengattungen, welche es auch geben mag, den V e k t o r d e r W e l l e n i m p u l s d i c h t e an dem Wellenschalenelement df, das die Ausdehnungsgeschwindigkeit $\hat{\mathfrak{c}}$ gegen sein Radiationsgebiet R hat (Satz von der Trägheit der Wellenenergie). Gemäß XVI in § 12 ist somit für einen beliebigen Standort

1) $$\mathfrak{g} = df \cdot \varrho \cdot \frac{\hat{\mathfrak{c}} + \mathfrak{c}^R}{\hat{c}^2} \text{ (zweigliederig).}$$

Dieser wellenkinematisch-energetische Begriff ist durch die Erscheinungen des Strahlungsdruckes eingegeben, stellt sich aber auch ohnedies aus unseren Entwicklungen von selbst ein. Die Strahlung $\mathfrak{R}$ erscheint durch $\hat{c}^2$ dividiert, um den Wellenimpuls gleichdimensional dem Massenimpuls wägbarer Körper zu erhalten. Von den in Betracht kommenden Geschwindigkeiten $\hat{\mathfrak{c}}$, $\mathfrak{c}^R$ und $\mathfrak{c}$ einer Wellenschale kommen die beiden letzten nicht in Frage, da sie, wie wir gesehen haben, unter

Umständen verschwinden können, was bei der Ausdehnungsgeschwindigkeit $\hat{\mathfrak{c}}$ unmöglich ist. Abrabam hatte c_0^2 statt $\hat{c}^2$ in seiner Formel.

Die Summation über eine ganze geschlossene Schale liefert bei symmetrischer Quelle und reiner Verschiebung derselben den resultierenden Wellenimpuls der Wellenschale

$$2)\qquad \oint df \cdot \varrho \cdot \frac{\hat{\mathfrak{c}} + \mathfrak{c}^R}{\hat{c}^2} = \mathfrak{c}^R \oint df \cdot \frac{\varrho}{\hat{c}^2} = \mathfrak{G},$$

weil wegen der Symmetrie der Wellenschale und der Energieverteilung $\oint df\, \varrho\, \hat{\mathfrak{c}}/\hat{c}^2$ verschwindet und, falls keine Drehung stattfindet, die Radiationsgeschwindigkeit für alle ihre Elemente gleich ist. Nun ist weiter $\oint df \cdot \varrho$ die Wellenenergie ε der Wellenschale, so daß wir schreiben können

$$2')\qquad \mathfrak{G} = \frac{\varepsilon}{\overline{\hat{c}^2}} \cdot \mathfrak{c}^R = \frac{\varepsilon}{\overline{\hat{c}^2}} (\mathfrak{c}_M^R + \mathfrak{u}),$$

worin $\overline{\hat{c}^2}$ ein aus der Geschwindigkeitsrose und Energieverteilung berechenbarer Mittelwert der $\hat{c}^2$ ist. Der resultierende Wellenimpuls einer Wellenschale hat also bei symmetrischer Quelle und reiner Verschiebung derselben stets die Richtung ihrer Radiationsgeschwindigkeit und ist in ihrem Mittelpunkt R angreifend zu denken; mit der ehemaligen Quelle hat er keine gegenwärtige Beziehung. An unserer Formel entdecken wir, daß der resultierende Impuls einer geschlossenen Wellenschale nicht der Geschwindigkeit der ehemaligen Quelle gegen das Mittel proportional ist, sondern der im allgemeinen zweigliedrigen Radiationsgeschwindigkeit der Scheinquelle. Das ist ein erheblicher Gegensatz zu der bisherigen Meinung. Er verschwindet also nicht nur in dem Falle, daß wir unseren Standort in der Scheinquelle einnehmen, sondern auch wenn wir im Mittel ruhen und $\mathfrak{q} = 0$ oder $f = 1$ (rein elastische Welle) ist, oder wenn wir in dem Quellort Q_0 ruhen und $\mathfrak{u} = 0$ oder $f = 0$ (rein ätherische Welle) ist; allgemein wenn $\mathfrak{c}_M^R = -\mathfrak{u}$ ist.

Während die Impulsdichte bei der Ausdehnung und Wanderung der Wellenschale abnimmt, weil die Energiedichte ϱ abnimmt, kann der resultierende Impuls erhalten bleiben, nämlich wenn im selben Mittel die Geschwindigkeit $\mathfrak{c}^R$ sich nicht ändert, keine Verschluckung von Wellenenergie stattfindet, sowie kein Hinüberwechseln von Energie auf eine andere Wellenschale vorkommt; denn in einer Welle gibt es meist zwei und mehr Systeme von Wellenschalen [37].

Der Mittelwert $\overline{\hat{c}^2}$ hängt von $\mathfrak{q}^2$ ab, derart, daß je größer $\mathfrak{q}^2$ um so kleiner jener ausfällt. Da ferner $\mathfrak{c}^R$ mit $\mathfrak{q}$ wächst, so ist der Wellenimpuls $\mathfrak{G}$ in demselben Mittel um so größer, je größer die Relativbewegung zwischen Quellort und Mittel war. Die Verteilung der Energiedichte ϱ ist ebenfalls von dieser Bewegung abhängig. Daher ist der Impuls einer Wellenschale im allgemeinen eine verwickelte Funktion von $\mathfrak{q}$ und $\mathfrak{c}^R$.

Sofern man eine Impulsmasse einer geschlossenen Wellenschale definieren kann, also bei quasi-stationärer, d. h. merklich unbeschleunigter Bewegung von R, hat man

als transversale Impulsmasse der Scheinquelle

3a) $$m_n = \frac{|\mathfrak{G}|}{|\mathfrak{c}^R|} = \frac{\varepsilon}{\overline{\hat{c}^2}};$$

sie nimmt mit der Geschwindigkeit $\mathfrak{q}$ zu, weil $\overline{\hat{c}^2}$ mit wachsendem $\mathfrak{q}$ abnimmt;

als longitudinale Impulsmasse der Scheinquelle

3b) $$m_t = \frac{d\,|\mathfrak{G}|}{d\,|\mathfrak{c}^R|} = m_n + \frac{c^R}{\overline{\hat{c}^2}} \cdot \frac{d\,\varepsilon}{d\,c^R},$$

welchen Standort auch immer man wählen mag. Extrapoliert man auf Ruhe ($\mathfrak{c}^R = 0$), so erhält man aus 3b) und 3a) die Impulsruhemasse der Scheinquelle $m_0 = \varepsilon/\overline{\hat{c}^2}$, abhängig von der Natur der Wellenschale, also z. B. für eine elastische eine andere als für eine elektromagnetische Wellenschale.

Wir setzen jetzt $\varepsilon = h \cdot \nu / 2\,\pi$, worin $h = 6{,}55 \cdot 10^{-27}$ die Plancksche universelle Konstante und ν die konstante Quellenfrequenz, die in allen Bezugsystemen dieselbe ist. An einer aus der Quelle hervorgegangenen, ausgebildeten und wandernden elektromagnetischen Wellenschale R hält dann von R aus beurteilt ε seinen Wert bei, weil an einer solchen nach Gl. XIII in § 11 die Wellenfrequenz gleich der Quellenfrequenz ist. Vom Mittel M aus beurteilt, haben wir dann mit Rücksicht auf XIII′ in § 14 als Impuls einer elektromagnetischen Wellenschale nach Gl. 2′)

4) $$\mathfrak{G}_M = \left(\frac{h\,\nu}{2\,\pi\,\overline{\hat{c}^2}}\right) \cdot \mathfrak{c}_M^R \cong \frac{h}{2\,\pi\,\hat{c}} \cdot \frac{|\dot{\varphi}|}{|\hat{\mathfrak{c}} + (1-f)\,(\mathfrak{q}\,\mathfrak{n})\,\mathfrak{n}|} \cdot (1-f)\,\mathfrak{q}.$$

Bisher hat man als Rückstoß eines »Lichtquants« auf das emittierende Atom vom Mittel aus berechnet den Betrag $\frac{h\,|\dot{\varphi}|}{2\,\pi\,c_0} = \frac{h}{\lambda}$ angenommen, was auf 4) führt, insofern c_M^R klein gegen $\hat{c}$ und der Fresnel-Faktor f nahezu null ist.

Von dem Augenblick an, wann eine Wellenschale im Fortschreiten eine Unstetigkeitsfläche U erreicht, verschwindet von ihr zunehmend die vordere Seite, wobei gleichzeitig Vorderteile von rückgeworfenen und gebrochenen Wellenschalen gemäß dem Gesetz der Wellenkohärenz erzeugt werden. Damit aber verlieren die Ausdrücke 2) bis 4) ihren Sinn. Man muß dann mit den Impulsdichten

$$\mathfrak{g}_r = d\,\mathfrak{f}_r \cdot \varrho_r \cdot \frac{\hat{\mathfrak{c}}_r + \mathfrak{c}_r^R}{\hat{\mathfrak{c}}_r^2}\,; \quad \mathfrak{g}_d = d\,\mathfrak{f}_d \cdot \varrho_d \, \frac{\hat{\mathfrak{c}}_d + \mathfrak{c}_d^R}{\hat{\mathfrak{c}}_d^2}$$

der Sekundärwellenschalen rechnen, deren Abhängigkeit von der anlaufenden Impulsdichte $\mathfrak{g}_i = d\mathfrak{f}_i\,\varrho_i \cdot \frac{\hat{\mathfrak{c}}_i + \mathfrak{c}_i^R}{\hat{\mathfrak{c}}_i^2}$ zu suchen ist. Gemäß der Erörterung in § 12 sind die $\mathfrak{c}^R$ vorgegeben, die $\hat{\mathfrak{c}}$ und $d\mathfrak{f}$ wellenkinematisch bestimmbar, dagegen ergeben sich die Energiedichten ϱ erst aus den physikalischen Grenzbedingungen. Aus dem Zusammenspiel der Impulsdichten ergibt sich die Kraft, die auf die U-Fläche wirkt und sie unter Umständen in Bewegung setzt. Da die Impulsdichten von den Eigenschaften und Geschwindigkeiten beider Mittel abhängen, sind sehr wohl neben Drücken auch Züge möglich, vielleicht wenn f_2 negativ ist. — Bei kleinen Körperchen, wie den Elektronen, macht die Berücksichtigung einer durch die Impulse bewirkten Bewegung der U-Fläche sowie der Beugung die rechnerische Darstellung außerordentlich verwickelt.

Man sieht aber, daß grundsätzlich die Lösung möglich ist.

B. Die Äthertrift und die wahre Bedeutung des Michelson-Versuches

Wir treten an die Aufgabe heran, die Äthertrift $\mathfrak{u}$ am Beobachtungsort durch Wellenmessungen an Hand unserer allgemeinen Ausbreitungsformel IX in A § 9 festzustellen. Dort konnten wir aus dieser Formel den Schluß ziehen, daß die Geschwindigkeit $\mathfrak{u}$ eines in seinen Eigenschaften noch unbekannten Mittels durch Wellenmessungen prinzipiell nicht feststellbar ist, wenn Quelle und Mittel sich gegeneinander bewegen. Möglich ist das nur, wenn wir eine gewisse Eigenschaft des Mittels kennen, nämlich seinen Fresnel-Faktor f. Ruht die Quelle zu uns ($\mathfrak{v} = 0$), dann muß sogar zudem $f \neq 0$ sein. Es genügt also nicht, bei bekannter Geschwindigkeit der Quelle lediglich nach der Radiationsgeschwindigkeit der Wellenflächen zu forschen.

Zu dem Wert von f für den reinen Äther gelangen wir, wenn wir zwei bekannte Erfahrungskomplexe ausmünzen. Hat der Äther, der Phasenübermittler im »leeren« Raume, einen von null verschiedenen Fresnel-Faktor f und eine gleichförmige Geschwindigkeit $\mathfrak{u}$ gegen uns an der Erdoberfläche, so muß eine zu uns ruhende monochromatische Lichtquelle, ein dauernd schwingendes Elektron, eine Ätherwelle entsenden und damit eine zeitliche Folge von Wellenschalen (A § 11), die nicht von ihrer Quelle Q herkommen, sondern von ihren je zugehörigen Radiationspunkten R, die von Q mit der Geschwindigkeit $\mathfrak{c}_Q^R = f \cdot \mathfrak{u}$ fortwandern. Unter diesen Radiationspunkten befindet sich einer zur Zeit t an einem solchen Ort R, daß seine Wellenschale zu eben dieser Zeit mit einem Schalenelemente gerade über den Beobachtungsort B hinwegstreicht bzw. von B aufgefangen wird. Alle von Q entsandten Wellenschalen passieren B in dem Augenblick, wo ihre Radiationspunkte gerade diesen Ort R erreichen, den wir passend Scheinquelle benennen, weil aus ihm für B die Welle in ihrem zeitlichen Verlauf herkommt. Diese Scheinquelle hat, von B aus gemessen, einen gewissen Winkelabstand, der von $\mathfrak{c}_Q^R : \hat{\mathfrak{c}}$ abhängt. Das Auge muß die Lichtquelle an einem anderen Ort sehen als dort, wo sich die Quelle in Wirklichkeit befindet. Ebenso müssen wir den Schall einer ruhenden Glocke im Sturmwinde von einem anderen Orte her vernehmen als bei Windstille, da für elastische Wellen vermutlich f gleich eins ist. Im Falle des Lichtes muß die Radiationsgeschwindigkeit c_Q^R sehr beträchtlich sein, wenn diese Dislokation merklich sein soll, wozu noch die Beobachtungsschwierigkeit kommt, daß wir es immer mit einem Schwarm ungeheuer zahlreicher und sich rasch bewegender, leuchtender Individuen in einer Lichtquelle zu tun haben. Bisher sind nun solche Dislokationen nicht auffällig gewesen. Es finden sich auch keinerlei Anzeichen täglicher oder jährlicher Aberration an Wellen, die von irdischen Lichtquellen stammen, trotz der Periodizitäten, die ein Ätherwind infolge der Erdbewegung haben muß; siehe Gl. XVII'' in A § 13. Da sind ferner die Versuche von Hoek und anderen, die nach Verlagerungen von Interferenzstreifen gesucht haben, wenn man dem ganzen optischen Meßgerät, also den Lichtwegen, die verschiedensten Orientierungen zu dem gesuchten Ätherwind gab. Es fand sich keinerlei Verlagerung. Wenn auch diese Versuche noch nicht überaus genau waren, so lassen doch sie und die zuvor erwähnten Feststellungen den sicheren Schluß zu, daß die Radiationsgeschwindigkeit im reinen Äther relativ zur Lichtgeschwindigkeit verschwindend klein sein muß. Dazu kommt nun die zweite Erfahrung, daß sehr empfindliche Meßverfahren, die auf Fizeau zurückgehen (siehe unter b) in A § 16), c_Q^R in bewegten Gasen sehr klein liefern, um so kleiner, je geringer dessen Dichte. Grundsätzlich angesehen, birgt freilich der Fizeau-Versuch mit Ätherwellen die Schwierigkeit in sich, daß das Mittel kein reines ist, nämlich ponderable Materie mit Geschwindigkeiten, verstreut eingelagert im imponderablen Äther mit anderer Geschwindigkeit, wobei wir nichts Genaueres über ihre Wechselwirkungen wissen. Dürfen wir jedoch annehmen, daß dies Gemisch sich wie ein Mittel verhält, welches die Geschwindigkeit $\mathfrak{u}_0 + \mathfrak{u}_1$ in dem ersten Rohre und $\mathfrak{u}_0 - \mathfrak{u}_1$ in dem zweiten Rohre hat, so daß $c_{1Q}^R = f(\mathfrak{u}_0 + \mathfrak{u}_1)$; $c_{2Q}^R = f(\mathfrak{u}_0 - \mathfrak{u}_1)$, dann liefert ein Längsversuch nach b) in A § 16 die Streifenverschiebung

$$1)\qquad \frac{t_2 - t_1}{\tau_0} = \frac{l}{\lambda_0} \cdot \frac{c_0}{|\hat{c}_{\parallel} + f \cdot \mathfrak{u}_0|} \cdot \frac{2f|\mathfrak{u}_1| / |\hat{c}_{\parallel} + f \cdot \mathfrak{u}_0|}{1 - \dfrac{(f\mathfrak{u}_1)^2}{(\hat{c}_{\parallel} + f \cdot \mathfrak{u}_0)^2}},$$

worin $\mathfrak{u}_0$ die Äthergrundbewegung in Richtung der Rohre. Gegenüber der früheren Formel 8'') daselbst tritt lediglich die Erweiterung $|\hat{c}_{\parallel} + f\mathfrak{u}_0|$ an Stelle $|\hat{c}_{\parallel}|$ auf. Es muß $f\mathfrak{u}_0$ schon von der Größenordnung der Lichtgeschwindigkeit sein, soll sich ein Einfluß einer Ätherbewegung in diesem Versuche bemerklich machen. Die ermittelte Kleinheit von f für Gase macht es im Gegenteil zur Gewißheit, daß der Einfluß eines etwaigen Gliedes $f \cdot \mathfrak{u}_0$ neben $\hat{c}_{\parallel}$ hier völlig vernachlässigbar ist, daß somit die bisherigen geringen f-Werte selbst nach der nicht ganz einwandfreien bisherigen Formel merklich richtig sind. Wir können also mit Sicherheit sagen, daß für bewegte Gase $\mathfrak{c}_Q^R = f \times$ der Gasgeschwindigkeit zu setzen ist, und daß auch das Fizeau-Verfahren die $\mathfrak{c}_Q^R$-Werte an der Erdoberfläche tatsächlich sehr klein liefert. Wie gesagt, belehrt uns nun aber das Ausbreitungsgesetz IX in A § 9, mit $\mathfrak{v} = 0$, daß es trotz der Kenntnis von $\mathfrak{c}_Q^R$ offenbleiben muß, ob es einen Ätherwind gibt oder nicht, falls wir vom Äther sonst nichts wissen; es spielt eben bei ruhender Quelle nicht $\mathfrak{u}$, sondern $f \cdot \mathfrak{u}$ eine Rolle. Hiermit wird der Weg, den die Physik in Unkenntnis des wahren Ausbreitungsgesetzes in dem Äthertriftproblem eingeschlagen hat, als Irrweg offenkundig. Aus der weiteren Tatsache aber, daß bei den erzeugten materiellen Geschwindigkeiten die $\mathfrak{c}^R$ nach der sehr empfindlichen Versuchsanordnung um so kleiner ausfallen, je geringer die Gasdichten, müssen wir extrapolierend schließen, daß der Fresnel-Faktor f des leeren Raumes, also des reinen Äthers, den Wert null hat, mag er sich für uns bewegen oder nicht. Gestützt wird dieser Schluß durch die weitere Tatsache, daß in dem später zu besprechenden Michelson-Versuch keine Aberrationserscheinung merkbar ist. Auf diesem Wege haben wir nicht nur eine wichtige Eigenschaft des reinen Äthers erschlossen, sondern auch die Möglichkeit erlangt, mit Bestimmtheit zu sagen: Es ist wegen $f = 0$ überhaupt unmöglich, den Ätherwind $\mathfrak{u}$ bei ruhender Wellenquelle experimentell zu ermitteln.

Der Michelson-Versuch mit ruhender Lichtquelle, der zur scharfen Erfassung des Ätherwindes erdacht worden ist, kann sein Ziel also nicht erreichen. Dennoch wollen, ja müssen wir uns mit seiner Theorie befassen. Es wird sich nämlich erweisen, daß er eine andere wichtige Feststellung am reinen Äther mit sehr großer Schärfe zu machen erlaubt.

Bei unserer Aufgabe haben wir es nicht wie in A § 16 in der Hand, die Geschwindigkeit des Mittels abzustellen oder dem Mittel gleichzeitig zwei entgegengesetzte Geschwindigkeiten zu erteilen. Deshalb muß eine Anordnung ersonnen werden, die durch Umlegung oder Andersorientierung des Meßgerätes eine Verschiebung von Interferenzstreifen verursacht, wobei die Zeit keine Rolle spielen darf. Der Gedankengang bei diesem Meßgerät, Michelson-Interferometer genannt, ist folgender. Es muß zunächst vorausgesetzt werden, daß die Richtung der Äthertrift $\mathfrak{u}$ vorher ermittelt oder aus dem Verlauf registrierender Beobachtungen bei der mindestens doppelten Periodizität der Erdbewegung mit eben diesem Apparat erschließbar sei. Ein ausgeblendeter Wellenstrahl einer monochromatischen Lichtquelle, die ruhe ($\mathfrak{v} = 0$), wird an einer zu uns ebenfalls ruhenden Stelle in zwei nahezu gleich starke Strahlen gespalten, etwa durch einen halbdurchlässigen Spiegel. Der eine Wellenstrahl wird daselbst parallel, der andere quer zur Trift des Mittels gerichtet. Beide Wellen werden je an ruhenden Spiegeln, die gleichen Abstand l von der Spaltstelle haben, in sich zurückgeworfen. Am Ende werden die beiden kohärenten und schließlich quer zu $\mathfrak{u}$ gleichlaufenden, miteinander interferierenden und dabei gleiche Aberration erleidenden Wellenstrahlen in der Brennebene eines Fernrohres beobachtet. Wenn $\mathfrak{c}_Q^R \neq 0$, besteht nach X′ und XIII in A § 11 zwischen einem mit einer ausgebildeten Wellenschale wandernden Beobachter und uns ein Dopplereffekt der Wellenfrequenz, der proportional zu $(\mathfrak{c}_Q^R, \mathfrak{n})$ ist. Auf den beiden gegenlaufenden Querstrahlen ($\mathfrak{n} = \mathfrak{n}_\perp$) verschwindet er demnach, ist also ihre Frequenz gleich derjenigen der ruhenden Quelle; auch sind die Wellenlängen gleich. Die beiden gegenlaufenden Längsstrahlen ($\mathfrak{n} = \mathfrak{n}_{\|}$) haben zwar verschiedene Wellenfrequenz, jedoch nach der Erörterung unter b) in A § 16 gleiche Wellenlänge. Aus der Beobachtung des Dopplereffektes $(\dot{\varphi}_i - \dot{\varphi}_r) : \nu$ ließe sich gemäß 5) in A § 16 schon $\mathfrak{c}_Q^R$ ermitteln, falls ein Sprung der Radiationsgeschwindigkeit an dem Spiegel nicht ins Gewicht fällt. Ob danach gesucht worden ist, ist dem Verfasser unbekannt. Doch kehren wir zu unserer Anordnung zurück.

P a r a l l e l u n d a n t i p a r a l l e l z u r T r i f t ist die Zeit für einen Hinundherlauf des Längsstrahles von und bis zur Spaltstelle $t_1 = l : |\hat{\mathfrak{c}}_{i\|} + \mathfrak{c}_{Qi}^R| + l : |\hat{\mathfrak{c}}_{r\|} + \mathfrak{c}_{Qr}^R|$; man beachte, daß $\mathfrak{c}_Q^R$ und nicht $\mathfrak{u}$, wie man bisher glaubte, eingeht. Da $\hat{\mathfrak{c}}_{r\|} = -\hat{\mathfrak{c}}_{i\|}$ und $\mathfrak{c}_{Qr}^R = \mathfrak{c}_{Qi}^R - {}^U\mathfrak{c}_{Qr}^R$, wird

$$2)\qquad t_1 = \frac{2l}{\hat{c}_{i\|}} \cdot \frac{1 + {}^1/_2 \cdot {}^U c_{Qr}^R / \hat{c}_{i\|}}{1 - (c_{Qi}^R/\hat{c}_{i\|})^2 + {}^U c_{Qr}^R / \hat{c}_{i\|} \cdot (1 + c_{Qi}^R/\hat{c}_{i\|})}.$$

Wenn der Sprung ${}^U\mathfrak{c}_{Qr}^R$ positiv, wird die Zeit verkleinert, d. h. das Zusatzglied im Nenner überwiegt. Wir können daher für kleine Werte von ${}^U c_{Qr}^R/\hat{c}_{i\|}$ schreiben

$$2')\qquad t_1 = \frac{2l}{\hat{c}_{\|}} \cdot \frac{1 - \sigma \cdot {}^U c_{Qr}^R}{1 - (c_Q^R/\hat{c}_{\|})^2},$$

den Index i weglassend.

Soll q u e r z u r T r i f t der Rückstrahl wieder nach der Spaltstelle gelangen, dann muß nach der Darlegung in A § 16 unter a) der Spiegel um etwa den Aberrationswinkel α gedreht werden. Bei dieser Kompensation der Aberration findet man für die Hinlaufzeit des Querstrahles, bedenkend, daß $\hat{\mathfrak{c}}_\perp$ und $\mathfrak{c}_Q^R$ senkrecht zueinander stehen, $l/\hat{c}_\perp \cdot 1/\sqrt{1 + (c_Q^R/\hat{c}_\perp)^2}$; man beachte, daß im Nenner nicht wie bisher $\sqrt{c_0^2 - \mathfrak{u}^2}$, auch nicht $\hat{c}_\perp$ allein, sondern $\sqrt{\hat{c}_\perp^2 + f^2 \cdot \mathfrak{u}^2}$ zu stehen kommt. Die Herlaufzeit ist wegen der Kompensation nicht ohne weiteres genau angebbar. Dazu kommt nun noch der nach Richtung und Größe unbekannte Sprung der Radiationsgeschwindigkeit ${}^U\mathfrak{c}_{Q\,r}^R$ am Spiegel. Ist derselbe aber klein gegen die Ausdehnungsgeschwindigkeit $\hat{c}_\perp$, was sicherlich hier zutrifft, so begehen wir keinen merklichen Fehler, wenn wir für die Herlaufzeit schreiben

$$l/\hat{c}_\perp \cdot \{1 - \mu \cdot {}^U c_{Q\,r}^R\} / \sqrt{1 + (c_Q^R/\hat{c}_\perp)^2}\,;$$

μ hier und σ oben sind positive Größen. Für den ganzen Hinundherlauf des Querstrahles kommt so die Zeit

$$t_2 = \frac{2\,l}{\hat{c}_\perp} \cdot \frac{1 - \mu \cdot {}^U\mathfrak{c}_{Q\,r}^R}{\sqrt{1 + (c_Q^R/\hat{c}_\perp)^2}}\,. \tag{3}$$

Ungerechnet die Sprünge der $\mathfrak{c}_Q^R$ an der halbdurchlässigen Spaltplatte beträgt nun der Laufzeitunterschied beider Wellen am Beobachtungsort

$$t_1 - t_2 = 2\,l \left\{ \frac{1}{\hat{c}_{\parallel}} \cdot \frac{1 - \sigma \cdot {}^U c_{Q\,r}^R}{1 - (c_Q^R/\hat{c}_{\parallel})^2} - \frac{1}{\hat{c}_\perp} \cdot \frac{1 - \mu \cdot {}^U c_{Q\,r}^R}{\sqrt{1 + (c_Q^R/\hat{c}_\perp)^2}} \right\} \tag{4}$$

und gibt zu Interferenzstreifen im Gleichlauf Veranlassung, die festgestellt werden.

Nun wird das ganze Interferometer, dessen Teile zueinander in Ruhe sind, samt der Quelle um einen rechten Winkel in seiner Horizontalebene gedreht. Nach dieser Umlegung haben die Teilwellen (1) und (2) ihre Orientierung zur Trift vertauscht, aber auch die beiden Spiegel. Man muß, um die früheren Gerätebedingungen herzustellen, nun den vorher nicht parallel zu $\mathfrak{u}$ justierten Spiegel quer zu $\mathfrak{u}$ verdrehen und den vorher quer zu $\mathfrak{u}$ gestellten Spiegel nun um den Aberrationswinkel gegen $\mathfrak{u}$ verstellen. Auch die halbdurchlässige Platte muß neu justiert werden, weil nun der von der Quelle auslaufende Wellenstrahl schon sogleich eine Aberration erleidet. Kann man diese Neueinstellungen nicht einwandfrei und störungsfrei bewerkstelligen, so daß man von ihnen absehen muß, dann tritt nach der Umlegung nur eine teilweisige Überlagerung an der Sammelstelle an der halbdurchlässigen Platte auf, oder gar keine. Dann ist infolgedessen das Interferometer nur bei geringer Aberration brauchbar, indem man den auslaufenden Wellenstrahl möglichst breit macht und mit einem hinreichend großen Objektiv das nach dem Fernrohr zielende Büschel auffängt. Wir setzen also nunmehr geringe Aberration ($c_Q^R \ll \hat{c}$) voraus. Dann kann man überhaupt auf Verstellungen verzichten, was an der Zeit t_2 nichts Merkliches ändert.

Bei einer Drehung des Meßgerätes ist die Streifenwanderung proportional der Änderung des Laufzeitunterschiedes beider Wellen. In der neuen Stellung durch Umlegen um einen rechten Winkel muß also eine Streifenverschiebung vorhanden sein, die dem Werte $2\,(t_1 - t_2)$ entspricht. Wir dividieren nun noch den Laufzeitunterschied der beiden Lagen durch die Periode τ_0 der ruhenden Quelle, wobei $\tau_0 = \lambda_{\parallel}/c_0$, und erhalten so als prozentuale Verschiebung der Streifen bei geringer Aberration

$$5)\qquad 2\,\frac{t_1 - t_2}{\tau_0} \cong \frac{4\,l}{\lambda_{\parallel}}\left\{\frac{c_0}{\hat{c}_{\parallel}}\,\frac{\hat{c}_{\perp} - \hat{c}_{\parallel}}{\hat{c}_{\perp}} + \frac{c_0}{\hat{c}_{\parallel}}\left(\frac{c_Q^R}{\hat{c}_{\parallel}}\right)^2 + \frac{1}{2}\,\frac{c_0}{\hat{c}_{\perp}}\left(\frac{c_Q^R}{\hat{c}_{\perp}}\right)^2 + \delta\right\},$$

worin δ eine Summe von kleinen Gliedern bezeichnet, die proportional sind dem kleinen Verhältnis des Radiationsgeschwindigkeitssprunges an jeder der Unstetigkeitsflächen zur Ausdehnungsgeschwindigkeit der Wellenschalen und die einzeln verschwinden, wenn keine Radiationsgeschwindigkeit existiert. Geschähe die Ausbreitung trotz einer Bewegung des Mittels gegen die Quelle in Kugelflächen mit der Lichtgeschwindigkeit c_0 und gäbe es keine Sprünge der Radiationsgeschwindigkeit in dem Meßgerät, so ginge, weil dann $\hat{c}_{\parallel} = \hat{c}_{\perp} = c_0$ und $\delta = 0$ wäre, Gl. 5) mit $c_Q^R = f \cdot \mathfrak{u}$ über in

$$5')\qquad 2\,\frac{t_1 - t_2}{\tau_0} \cong \frac{6\,l}{\lambda_0}\cdot f^2 \cdot \left(\frac{u}{c_0}\right)^2.$$

Zwiefach unterscheidet sich diese angenäherte Formel der wahren Theorie von der bisher errechneten unrichtigen Formel

$$2\,\frac{t_1 - t_2}{\tau_0} \cong \frac{2\,l}{\lambda_0}\cdot\left(\frac{u}{c_0}\right)^2 \text{ (Maxwell).}$$

Der Michelson-Versuch mit ruhender und apparatverbundener Lichtquelle, der in der bisherigen Anordnung überhaupt nur für geringe Aberration verwendbar ist, mißt, wie vorausgesagt, direkt gar nicht die fragliche Äthertrift $\mathfrak{u}$, sondern die Radiationsgeschwindigkeit $c_Q^R = f \cdot \mathfrak{u}$, der Ätherwellen in bezug auf die Quelle, vorausgesetzt, daß man die Form der Wellenschalen kennt und Sprünge der Radiationsgeschwindigkeit, falls sie existiert, in dem Meßgerät nicht auftreten oder wenigstens sich kompensieren. Ferner tritt mit oder ohne Kompensation etwaiger Aberration der Faktor $6l$ statt $2l$ der Maxwell-Formel auf.

Natürlich stünde es uns frei, den Vorgang auch vom Äther aus theoretisch zu verfolgen, doch hätten wir dabei mit dem mißlichen Umstande der Rückwerfung von Wellen aus bewegter Quelle an zu uns bewegten Spiegeln zu rechnen. Die zugehörigen Formeln sind noch nicht auf Grund der wahren Theorie entwickelt; auch wäre der Rechnungsgang viel verwickelter.

Die bisher zuverlässigsten und genauesten Versuche in der Nähe der Erdoberfläche haben weder eine Aberration, also einen von null verschiedenen Wert von $\mathfrak{c}_Q^R$, noch eine Verschiebung der Streifen für alle Orientierungen und zu allen Zeiten erkennen lassen. Auch konnte Herr Stark an der Lichtemission von Kanalstrahlen keine Abweichung der Wellenschalen von der Kugelgestalt wahrnehmen [42], die bei Bewegung von Quelle und Mittel zueinander von vorneherein auch im reinen Äther möglich wäre; ein Unsicherheitsfaktor ist noch, ob Herr Stark mit seiner Versuchsanordnung im Äther ruhte oder nicht. Ist demnach $\hat{c}_\perp = \hat{c}_\parallel$ und $f = 0$, wie wir aus dem Fehlen einer irdischen Aberration und extrapolierend aus den Fizeau-Versuchen erschlossen haben, wahrscheinlich auch $\delta = 0$, dann ist in der Tat nach 5) $(t_1 - t_2)/\tau_0 = 0$, somit die beobachtete Streifenbeharrung erklärt.

Setzen wir umgekehrt exaktes Verschwinden von f an der Erdoberfläche voraus, dann erlaubt das Ergebnis der Präzisionsversuche mit ruhender Lichtquelle im Zeiß-Werk zu Jena, über die Herr Joos berichtet hat [43], eine obere Grenze für den Unterschied von $\hat{c}_\perp$ und $\hat{c}_\parallel$ anzugeben. Aus den Messungen ist zu entnehmen, daß eine Streifenverschiebung von $^1/_{100}$ Streifenbreite noch ganz sicher feststellbar gewesen wäre. Daraus ergibt sich für $f = 0 = \delta$ aus Gl. 5), wenn wir noch $\hat{c}_\perp = c_0$ und $\lambda_\parallel = \lambda_0$ setzen dürfen und beachten, daß die Anzahl der Wellenlängen auf einem Gerätearm

$$\frac{l}{\lambda_0} = \frac{2{,}1 \cdot 10^3}{4 \cdot 10^{-5}} = \frac{1}{2} \cdot 10^8$$

war

$$\text{6)} \qquad \frac{\hat{c}_\perp - \hat{c}_\parallel}{\hat{c}_\parallel} \leq \frac{1}{100} \cdot \frac{\lambda_0}{4\,l} = \frac{1}{2} \cdot 10^{-10}.$$

Für $\hat{c}_\parallel = 3 \cdot 10^{10}$ cm/s kann demnach der Unterschied zwischen Quer- und Längs-Ausdehnungsgeschwindigkeit der Wellenschalen im möglicherweise bewegten reinen Äther nicht größer als $1\frac{1}{2}$ cm/sek gewesen sein. Neuerdings liegen nochmalige Präzisionsversuche bei ruhender Lichtquelle von seiten der Herren Kennedy und Thorndike vor, ebenfalls mit negativem Ergebnis [44].

Um einen etwaigen Ätherwind ($\mathfrak{u}$) aufstöbern zu können, bedarf es, wie wir in A § 9 dargetan haben, bewegter Quellen; immer nur ist nämlich wellenkinematisch $\hat{\mathfrak{c}}^R$ meßbar, und das ist allgemein gleich $\mathfrak{c}_M^R + \mathfrak{u}$, worin $\mathfrak{c}_M^R$ die Radiationsgeschwindigkeit der Wellenschale gegen das Mittel und $\mathfrak{u}$ die Geschwindigkeit des Mittels als Ganzes gegen den Beobachter bezeichnet. Da liegt es nahe, die Gestirne als bewegte Lichtquellen zu benützen. Herr Tomaschek [41], der als erster Michelson-Versuche mit außerirdischen Lichtquellen anstellte, arbeitete mit einem ruhenden Interferometer und verglich die Streifenlage, verursacht durch das Gestirn, mit der Streifenlage, verursacht durch eine gleichzeitig vorhandene ruhende Lichtquelle. Die Drehung des Meßgerätes konnte er durch die Erddrehung bewirken lassen. Die Winkelgeschwindigkeit des scheinbaren Ortes des Gestirns wurde durch die halb so große Drehung eines Heliostaten aufgehoben. Eine Streifenverlagerung war in keinem Falle (Gestirne: Mond, Jupiter, Sonne, Sirius, Arktur) feststellbar, obwohl die Genauigkeit $^1/_{100}$ Streifenbreite betrug.

Das ist auffallend, da die Radiationsgeschwindigkeiten der einfallenden Wellenschalen sicher nicht die am Schlusse des § 16 in A verlangte konstante Richtung hatten. Aber auch bezeichnend, denn wir müssen daraus schließen, daß sie unmerklich klein gewesen sind. Dazu stimmt die Lösung der wellenkinematischen Interferometerformel 5), in der wir c_Q^R allgemein durch $c^R = c_M^R + \mathfrak{u}$ zu ersetzen haben. Kann nämlich die Isotropie der Ausbreitung in bewegtem, reinem Äther, wie wir vorhin erschlossen haben, als gesichert gelten, dann zeigen die negativen Ergebnisse des Herrn Tomaschek an Gl. 5), daß für die genannten Gestirne $c_M^R/\hat{c}$ und $u/\hat{c}$ unmerklich ausgefallen sind. Wir kommen so zu dem positiven Ergebnis, daß die Bewegung dieser Gestirne gegen den reinen Äther und die Bewegung des reinen Äthers als Ganzes gegen die Erde sehr klein sind im Vergleich zur Lichtgeschwindigkeit im reinen Äther. Dies Ergebnis stimmt gut überein mit den Folgerungen, die wir früher in A § 13 aus dem Bradley-Effekt der Gestirne gezogen haben. Es bleibt aber auch hier die Frage offen, ob nicht an der Erdoberfläche der Äther teilweise oder ganz mitgerissen wird. Will man die beiden genannten Bewegungsschwankungen auf dem begangenen Wege verfolgen können, dann bedarf es noch viel kürzerer Wellenlängen und längerer Interferometerarme.

Gewiß würde auch eine Absolutmessung mit dem Zeißschen Meßgerät keinen Effekt geliefert haben. Dürfen wir nun $\lambda_{\parallel} = \lambda_0$ und $\hat{c}_{\perp} = \hat{c}_{\parallel} = c_0$ setzen, so würde damit gemäß Gl. 5), $\delta = 0$ setzend, folgen

$$7) \qquad \frac{4\,l}{\lambda_0} \cdot \frac{3}{2} \cdot \left(\frac{c^R}{c_0}\right)^2 \leqq \frac{1}{100}, \quad \text{mithin } c^R \leqq \sqrt{3} \text{ km/sek.}$$

Da aber die $\mathfrak{c}^R$ sicher wesentlich größer sind, so zeigt sich, daß obige Voraussetzungen nicht gut zutreffen. Es scheint ferner daraus hervorzugehen, daß die Ausdehnungsgeschwindigkeiten $\hat{\mathfrak{c}}_{\perp}$ und $\hat{\mathfrak{c}}_{\parallel}$, auch wenn sie gleich groß sind, bei Bewegung der Quelle größer sind als bei Ruhe, denn bei gegebener Meßempfindlichkeit müssen nach Gl. 5) die $\hat{\mathfrak{c}}_{\perp}$ und $\hat{\mathfrak{c}}_{\parallel}$ um so größer sein, je größer $\mathfrak{c}^R$ ist.

Alle unsere bisherigen Erfahrungen zusammengefaßt und an unserem sicheren, weil vorphysikalischen, Ausbreitungsgesetz geläutert, liefern für den reinen Äther in der Nähe der Erdoberfläche folgende Aussagen:

I. Ätherwellen breiten sich im reinen Äther isotrop aus, gleichgültig ob sich die Quelle gegen ihn bewegt oder nicht; bei punktsymmetrischer Quelle sind also die Wellenschalen Kugeln. Ob auch die Größe der Ausdehnungsgeschwindigkeit von der Bewegung der Quelle unabhängig sei, ist noch offen.

II. Der Fresnel-Faktor f des reinen Äthers hat den ausgezeichneten Wert null. Infolgedessen muß der Michelson-Versuch bei ruhender Quelle nach der wahren Theorie in Strenge Streifenbeharrung ergeben, auch wenn der Äther sich zu uns bewegt. Das gleiche würde ein rein elastisches Mittel ($f = 1$) nur dann ergeben, wenn es zu uns ruhte ($\mathfrak{u} = 0$) und die Quelle sich bewegte ($\mathfrak{q} \neq 0$). Der Äther verhält sich also ganz anders wie ein rein elastisches Mittel. Der Nullwert bedeutet natürlich nicht eine Leugnung dieses ausgezeichneten Mittels.

Wenn diese Aussagen schon an der Erdoberfläche gelten, so gelten sie ganz gewiß überall im von Materie freien Raume.

III. Da die Fixsternaberration für alle Sterne nachweislich die gleiche ist, in welcher Himmelsgegend und Entfernung sie sich auch befinden, so muß außerhalb der Erde und der Gestirne der Äther homogen und stetig sein.

IV. Der reine Äther als Ganzes ist dasjenige homogene und isotrope Mittel, das ein absolutes Bezugsystem unter

Benutzung von Wellenstrahlen ermöglicht, falls der Beobachter zur Wellenquelle ruht; siehe A § 4.

V. Die bisherige Meinung, daß sich das Licht im »leeren« Raume stets mit einer bestimmten, vom Bewegungszustande der Quelle unabhängigen Geschwindigkeit fortpflanze, ist trotz dem Nullwerte des Fresnel-Faktors unhaltbar. Die allgemeine Ausbreitungsformel lautet nämlich $\mathfrak{c} = \hat{\mathfrak{c}} + (\mathfrak{c}_M^R + \mathfrak{u})$, worin $\mathfrak{c}_M^R$ auch im reinen Äther von null verschieden ist, wenn sich die Quelle bewegt; siehe A § 9.

VI. Die bisherige Meinung, daß die Wellenschalen immer Kugelschalen um die Quelle als Mittelpunkt seien, ist nur im reinen Äther richtig. Denn Quelle und Scheinquelle fallen nur im reinen Äther dauernd zusammen. Unmöglich ist deshalb die Behauptung, daß zwei im reinen Äther gegeneinander bewegte Beobachter sich beide dauernd im Mittelpunkt derselben Wellenschale, die bei ihrer Begegnung erzeugt worden ist, befindlich halten.

Der Nullwert des Fresnel-Faktors f bedeutet im einzelnen:

a) Für einen Beobachter, der relativ zur Quelle ruht, ruhen im gleichförmig bewegten Äther die Scheinquellen der entsandten Wellenschalen bei der wahren Quelle. Es gibt für ihn keinen Doppler-Effekt der Wellenfrequenz und Wellenlänge an den sich dehnenden Wellenschalen gemäß den Gl. XIII' und XIII'' in A § 14. Ferner gibt es für ihn keinen Bradley-Effekt (Aberration); es gilt für ihn nicht die Abb. 12, sondern Abb. 11 (S. 53), aber in Kugelform und mit dem Mittelpunkt $R = Q$, auch bei Bewegung der Quelle gegen den Äther, weshalb der Michelson-Versuch bei ruhender Lichtquelle von dem Übelstand schiefer Querstrahlen, die zunächst einmal vorausgesetzt werden mußten, in Wirklichkeit befreit ist. Und schließlich stellt er an einer allseitig frei auslaufenden Welle keinen resultierenden Wellenimpuls fest (A § 18); es ist für ihn so, als ob die Quelle im Mittel ruhte. Longitudinale und transversale Impulsmasse einer Wellenschale sind gleich.

b) Für einen Beobachter, der im Äther ruht, entfernen sich die Scheinquellen der einzelnen Wellenschalen von der bewegten Quelle weg mit der Quellengeschwindigkeit zur Zeit ihrer Erzeugung; siehe Abb. 17 (S. 71). Die Quelle überträgt also ihre volle Geschwindigkeit und Drehung auf die Wellenkeime; siehe A § 11. Dementsprechend mißt er den resultierenden Wellenimpuls $\mathfrak{G}_M = \varepsilon / c_0^2 \cdot \{\mathfrak{q} + [\mathfrak{d}, \mathfrak{r} - \mathfrak{a}]\}$, auch wenn die hinteren Wellenschalenelemente nach vorne wandern. Es nimmt ferner der Beobachter verschiedene Wellenfrequenzen und Wellenlängen an jeder der wandernden Wellenschalen wahr. An ihrer Vorderseite ist nach X′ in A § 11 die Wellenfrequenz erhöht, an der Hinterseite erniedrigt. Die Wellenlänge, auf dem Strahl gemessen, ist nach XIII″ in A § 14 quer zur Radiationsbewegung größer als längs derselben, wo sie gleich der von der Quelle aus beurteilten ist. Es gibt auch Aberration.

Was die übrigen charakteristischen Größen $\hat{\mathfrak{c}}_{\parallel}$ und $\hat{\mathfrak{c}}_{\perp}$ in ihrer Abhängigkeit von der Quellenbewegung sowie die etwaige Äthertrift an der Erdoberfläche anbelangt, so wird man gut tun, Versuche mit sehr raschen Lichtquellen, etwa Kanalstrahlen anzustellen, um hier ins reine zu kommen. Aber auch sie führen nur dann zur Ermittelung des Ätherwindes $\mathfrak{u}$ am Beobachtungsort, wenn es möglich ist, Differenzmessungen an $\mathfrak{c}^R$ zu machen, auf das die in $\mathfrak{c}^R = \mathfrak{c}_M^R + \mathfrak{u}$ auftretende und schwer zu bestimmende Vektorgröße $\mathfrak{c}_M^R$ der Quelle, d. i. die auf die Wellenschale übertragene Geschwindigkeit vom anliegenden Mittel aus beurteilt, eliminiert werde. — Eine weitere Aufgabe auf diesem Gebiete liegt der experimentellen Physik ob: Die Messung der Fresnel-Faktoren f der irdischen und himmlischen Leuchtkörper, damit die Theoretische Feldphysik dem Emissionsakt nähertreten kann.

C. Wellenkinematische Beweise gegen die Raumzeit-Lehre von Einstein

Die Raumzeitlehre von Herrn Einstein ist streng zu prüfen nicht an mit Annahmen zustande gekommenen physikalischen Folgerungen, an Folgerungen, die immer auch anders ausdeutbar sind, sondern an ihrem logischen Fundament und Aufbau.

Ursprung und Erfahrungsgrundlage der Relativitätstheorie von 1905 war in erster Linie, wegen der Schärfe des Experiments, das »negative Ergebnis« des Michelson-Versuches, wonach interferierende Lichtwellen sich so verhalten, als gäbe es keinen Ätherwind. In der genannten Theorie spielt also die Fortpflanzung von Ätherwellen in bewegten Mitteln die grundlegende Rolle. Daher kann ihre Grundlage auch nur an Hand der Wellentheorie geprüft werden. Diese aber gab es damals noch nicht, wie ich seitdem in zahlreichen, kritischen und aufbauenden Abhandlungen dartun konnte. Es zeigte sich — wie in den §§ 1 bis 9 des vorangehenden Hauptstückes A auseinandergesetzt —, daß es eine apriorische Wissenschaft eigengesetzlicher Phasenwanderung gibt, die wie die Punkt- und Gelenkkinematik jeder möglichen Physik vorausgeht, indem sie lediglich auf unserer Vorstellung von Raum, Zeit und Kontinuum beruht, wobei letzteres, das Mittel, im allgemeinen zu uns bewegt gedacht wird. Erst im Gleichschritt mit der sich so entfaltenden Wellenkinematik sind logisch scharfe und unwiderlegliche Prüfungen der Lehre von Einstein möglich geworden. Solche sind denn auch als Nebenprodukte aus unseren, auf ganz andere Ziele gerichteten Untersuchungen im Laufe mehrerer Jahrzehnte abgefallen. Sie erweisen sich samt und sonders als Verurteilungen; zum Teil sind sie schon veröffentlicht. Einige der Beweise gründen sich auf der Fortwanderung der ersten Phase in der ersten Wellenfläche, der Wellenfront. Diese kann man mathematisch verfolgen, ohne auf das Problem der Welle selbst eingehen zu müssen. Sie sind daher auch für diejenigen überzeugend, die noch nicht in die Wellenkinematik eingedrungen sind. Mit dem Abschluß der beiden vorangehenden Abhandlungen A und B ist nun die Zeit gekommen, die bisherigen Gegenbeweise in dieser Abhandlung C zu ergänzen und unter einem gemeinsamen Gesichtspunkte darzustellen; diese Gegenbeweise, die das System von Einstein von verschiedenen Seiten aus beleuchten, sind natürlich nicht unabhängig voneinander, haben sie doch alle ein gemeinsames Ziel, nämlich die Unkenntnis vom Wesen der Welle. Ferner ist klar, daß man sich bei einer Kritik, die auf das Wesen der Theorie zielt, nicht mit zurechtgestutzten Annäherungsformeln begnügen darf. Die angefügten Jahreszahlen sind die der Veröffentlichung.

1. Gegenbeweis (1910 bis 1918). Eine noch größere Rolle als die freien Wellen spielen sowohl in der Natur als auch in der Theorie die von mir so bezeichneten geführten Wellen [1, 11, 12, 13, 16, 17, 25 bis 28, 30, 32]. Es sind dies Wellen verwickelteren Baues, die in Form ein oder mehrerer, kohärenter Wellenflanken an ein oder mehreren Unstetigkeitsflächen — geführt von ihnen — entlanglaufen und dabei eigenartigen, bisher unerkannten Gesetzen unterworfen sind, die daraus hervorgehen, daß sowohl Wellenkohärenzbedingungen als auch physikalische Bedingungen an den U-Flächen auftreten. Sie entstehen nicht nur, wenn eine Wellenquelle in einer U-Fläche liegt — in welchem Falle ich von einer direkten Welleninduktion spreche —, sondern auch wenn sie außerhalb einer U-Fläche sich befindet und die entsandte Welle durch Anlauf teilweise oder ganz in eine geführte Welle übergeht — welchen Fall ich als indirekte Welleninduktion bezeichne [14, 24]. Diese eigenartigen gebundenen Wellen, die eine außerordentlich viel größere Reichweite als freie Wellen haben können, infolge ihrer Verdichtung beiderseits der U-Flächen, sind aber nicht immer möglich. Um sie theoretisch darzustellen, hat man zuerst aus vorgegebenen Feldgleichungen die Gleichungssysteme der nach diesen bei gegebener Quellenerregung möglichen Wellenarten dieser Gattung herauszuschälen und dann mit ihnen die möglichen geführten Wellen aus kohärenten Wellen dieser Gattung unter Erfüllung der wellenkinematischen und physikalischen Bedingungen an den U-Flächen zusammenzusetzen. Auf allen Gebieten der Physik findet man solche ein- oder mehrfach geführten Wellen, worauf anderenorts öfters eingegangen ist und noch werden wird. Insbesondere in der gewöhnlichen Elektromagnetik für ruhende Mittel, mit deren geführten Wellen, anfänglich gebundene Wellen benannt, ich mich zuerst beschäftigt hatte, trat zutage, daß es zwei und nur zwei, scharf ausgeprägte Arten von geführten elektromagnetischen Wellen gibt: eine, in der das magnetische und eine, in der das elektrische Feld tangential zu den U-Flächen und quer zur Fortpflanzungsrichtung zu liegen gezwungen ist, sowie daß von den Wellennormalen die Normal-

komponenten längs den U-Flächen konstant sind und die Werte der Tangentialkomponenten sich längs ihnen berechnen lassen, mithin die Phasenwanderung längs den U-Flächen angebbar ist, wie auch die U-Flächen gekrümmt sein mögen.

An diesem charakteristischen Bau, der unabhängig ist von der Form der Wellenerregung in der Quelle und den Eigenschaften der Mittel, der freien Wellen völlig fremd ist, interessiert uns hier der letztgenannte Zug: es spricht sich in ihm deutlich eine *Führung* der Phasenflächen seitens der U-Fläche aus. *Die Geschwindigkeit längs der Führungsfläche ist somit keine »Schnittgeschwindigkeit«, sondern eine echte Wellengeschwindigkeit einer zweiflankigen Welle beiderseits der Grenze zweier Mittel.* Ferner ist sie nicht dieselbe wie die einer freien Welle in einem einzigen Mittel; sie ist vielmehr von den Eigenschaften beider aneinanderstoßenden Mittel und der U-Fläche in inniger Verkoppelung abhängig. *Sie kann daher kleiner oder größer sein als die Geschwindigkeit einer freien Welle im reinen Äther, auch wenn das eine Mittel der leere Raum ist.* Nun habe ich zwar damals den Beweis nur für Wellen von elementarer Schwankungsform

$$\mathfrak{E} = \frac{1}{2}\left\{\mathrm{e}(\mathfrak{r}) \cdot e^{i(\nu t - \Phi(\mathfrak{r}))} + \mathrm{e}^{*}(\mathfrak{r}) \cdot e^{-i(\nu^{*} t - \Phi^{*}(\mathfrak{r}))}\right\}$$

— ein angesetztes Sternchen deutet den konjugiert komplexen Ausdruck an — führen können, welche Form an der Front nicht möglich ist, indessen haben wir in A kennengelernt, daß Welle Phasenwanderung bedeutet, daß sich in einer beliebigen Welle die Phasenwerte der Phasenflächen stetig aneinanderreihen und daß ein stetiger Gang der Phasengeschwindigkeit von dem ersten Werte, dem Frontwerte, nach dem Innern der Welle zu verzeichnen ist, also auch umgekehrt. Der von den Verfechtern der Relativitätstheorie von Einstein behauptete Gegensatz zwischen der Frontgeschwindigkeit und der Phasengeschwindigkeit, ihre Unüberbrückbarkeit, besteht nicht. In einer beliebigen freien elektromagnetischen Welle, die in einem ruhenden Mittel bei ruhender Quelle beobachtet wird, ist nun der Frontwert nachweislich nicht c_0, sondern $c_0/\sqrt{\varepsilon\mu}$ [20]. Das Postulat der Unüberbrückbarkeit der Wellengeschwindigkeiten, wonach die Phasengeschwindigkeit c gewöhnlicher elektromagnetischer Wellen an der Front unter allen Umständen gleich der Lichtgeschwindigkeit c_0 sei, während sie es im Innern nicht ist, kann mithin nicht einmal in ruhenden Mitteln weder für freie noch für geführte Wellen als zutreffend anerkannt werden.

2. Gegenbeweis (1914). Desgleichen nicht — aus den soeben angeführten Gründen — für die vielen Arten von freien und geführten Wellen in elektrisch- bzw. magnetisch-aktiven isotropen oder kristallinischen Mitteln [3 bis 5].

3. Gegenbeweis (1923). Im Bestreben, die geführten elektromagnetischen Wellen auch bei Bewegung des Mittels kennenzu lernen, legte ich mir die Frage vor, unter welchen Bedingungen bei Zugrundelegung der Elektrodynamik von Minkowski zwei Planwellenflanken an einer Führungsfläche kohärent seien [16]. Es ergab sich: Schon bei gleitfreier Bewegung eines Körperpaares sind diese Wellen, die uns tausendfach umgeben, nach der Elektrodynamik von Minkowski, die aus den Maxwellschen Ruhegleichungen mit einer Transposition nach Einstein hervorgeht, unmöglich, während sie mit einer Transposition nach Galilei möglich sind. War hiernach auch zu vermuten, daß der Grund des Versagens in der Transpositionskinematik von Einstein zu suchen sei, so schien es doch angebracht, die Sache noch von einer anderen Seite anzufassen. So kam zustande der

4. Gegenbeweis (1925). Allgemein und ohne Bezug auf irgendeine physikalische Theorie läßt sich beweisen, daß — sofern man sich einer Einstein-Transposition bedient — die Wellenkohärenzbedingungen an einer Unstetigkeitsfläche in bewegten Mitteln nicht erfüllt sind, wenn sie in ruhenden Mitteln erfüllt sind [18].

5. Gegenbeweis (1925). Nach einem hinsichtlich der Ausbreitung annahmen- und einwandfreien, von mir ausgearbeiteten, strengen Rechenverfahren, das auf das Wesen der Welle nicht einzugehen braucht; siehe A § 3, ist auch nach der Elektronentheorie in ruhender Materie die Frontgeschwindigkeit nicht die des leeren Raumes, im Gegensatz zu einer Feldanalyse von Sommerfeld, die — eine empfindliche Lücke im Aufbau der Neuen Lehre schließen wollend — die Aufgabe wie für ein stationäres Feld anfaßt, indem sie die Welle nach dem Fourier-Prinzip aus lauter Partikularlösungen der »Wellengleichung« so zusammensetzt, daß den physikalischen Bedingungen an der Front Genüge geschieht. In Wahrheit dringt die Welle nicht unbehelligt von den schwingungsfähigen Elektronen vor, so daß wir für die Frontgeschwindigkeit $c = c_0/\sqrt{\varepsilon\mu}$ bekommen, wie nach der Feldtheorie von Maxwell. Beim Überwiegen der Koppelungskräfte gegenüber der Kraft, die das betrachtete Elektron in seine Gleichgewichtslage zurückzuziehen trachtet, in welchem Falle die Dielektrizitätskonstante kleiner als eines ausfällt, treten auch Überlichtgeschwindigkeiten in freier Welle auf [20].

6. Gegenbeweis (1927). Unter Zugrundelegung der Feldgleichungen von Minkowski läßt sich nach dem ebengenannten Rechenverfahren, das keiner Transpositionskinematik bedarf, beweisen, daß die Ausbreitung normal zu der Front vor sich geht nach der Formel $\mathfrak{c}_n = \hat{\mathfrak{c}} + (\mathfrak{c}_{Q_0}^R \mathfrak{n}) \mathfrak{n}$ mit $\mathfrak{c}_{Q_0}^R = f \cdot \mathfrak{u}$, worin f der Fresnel-Faktor und $\mathfrak{u}$ die Mittelgeschwindigkeit bezeichnet, bezogen auf den Erzeugungsort Q_0 der Front [21]. Darin ist $\hat{\mathfrak{c}}$ die Ausdehnungsgeschwindigkeit der ersten Wellenfläche, der Front, gegen ihre scheinbare Quelle R, die sich mit der Radiationsgeschwindigkeit $\mathfrak{c}_{Q_0}^R$ gegen Q_0 verschiebt. Für einen beliebigen Standort nimmt $\mathfrak{c}_n$ die gleiche Form an (siehe A § 9), mit einer anderen Radiationsgeschwindigkeit $\mathfrak{c}^R$. Ist letztere von null verschieden — und das ist sie im allgemeinen —, dann kann unmöglich diese Ausbreitung nach allen Richtungen gleich und unabhängig vom Bewegungszustand der Quelle sein und zudem gerade so groß wie im Falle der Ruhe, was aber die Theorie von Einstein vorschreibt. Dazu kommt nun noch die Tangentialkomponente $\mathfrak{c}_t = \mathfrak{c}_t^R$, so daß $\mathfrak{c} = \hat{\mathfrak{c}} + \mathfrak{c}^R$. Es kennt daher diese Theorie für beliebige Beobachter, für beliebige Mittel und für beliebigen Bewegungszustand der Quelle nicht den Fresnel-Effekt an einer Wellenfront; siehe A § 7 und § 9.

7. Gegenbeweis (1927). Das obengenannte Rechenverfahren, das keine Transpositionskinematik benutzt, zeigt, daß nach den Feldgleichungen von Minkowski die Wellenflächen keine Kugeln um den Beobachter als Mittelpunkt sind, sondern Ovale mit zweifacher Symmetrie um einen Punkt R, von welchem die Wellenfläche auszuquellen scheint; außerdem ist die Größe der Ovale abhängig von der Quellengeschwindigkeit $\mathfrak{q}$ gegen das Mittel [21 und Abb. 5a und 5b (S. 19)]. Das steht im dreifachen Gegensatz zu der Forderung von Einstein. Kugeln gibt es in der Materie nur, wenn Quelle und Mittel zueinander ruhen [A § 7]. Der Beobachter kann von sich aus schon an der Form der Wellenflächen erkennen, ob dies der Fall ist oder nicht [A § 11].

8. Gegenbeweis (1927). Das genannte strenge Rechenverfahren zeigt, daß die Feldgleichungen von Minkowski ein Gebiet für die Mittelgeschwindigkeit $\mathfrak{u}$ verlangen, innerhalb dessen eine Ausbreitung überhaupt nicht möglich ist, also auch nicht die entgegengesetzte Quellenbewegung; es sind dies die Gebiete

$$\left.\begin{array}{lr} c_0 < u < c_0 \cdot \sqrt{\varepsilon\mu} & \text{für } \varepsilon\mu > 1 \\ c_0 \cdot \sqrt{\varepsilon\mu} < u < c_0 & \text{für } \varepsilon\mu < 1. \end{array}\right\} \text{(Siehe Abb. 8a und 8b auf S. 19.)}$$

Von dieser notwendigen Folgerung weiß die Erfahrung bis heute nichts.

9. Gegenbeweis (1927). Die Feldgleichungen von Minkowski verlangen nach unserem Rechenverfahren, das keine Transpositionskinematik benutzt, den Fresnel-Faktor $f = (\varepsilon\mu - 1) : (\varepsilon\mu - \mathfrak{u}^2/c_0^2)$, der auch im Innern einer Welle gelten muß. Negative f, wie sie für gewisse $\mathfrak{u}$ auftreten (siehe Abb. 8a und 8b S. 19), sind aber durch eine Einstein-Transposition einer Sinuswelle in ruhendem Mittel nicht zu erhalten, obgleich die Feldgleichungen von Minkowski durch eine solche Transposition gewonnen worden sind [21]. Zudem verlangen negative f für $\mathfrak{c}$ Überlichtgeschwindigkeiten, die aber nach Einstein unmöglich sein sollen.

Zu diesen bis auf Ziffer 11 bereits veröffentlichten treten nun noch andere Gegenbeweise, die wir jetzt aus den vorangehenden Abhandlungen A und B zusammentragen wollen.

10. Gegenbeweis (1927). Systemgeschwindigkeit und Objektgeschwindigkeit oder, anders ausgedrückt, Netzpunktgeschwindigkeit und Dingpunktgeschwindigkeit sind nach Einstein sonderbarerweise nicht gleichberechtigt. Unser Rechenverfahren, das sich keiner Transpositionskinematik zu bedienen braucht, kennt diesen unverständlichen Wesensunterschied nicht [21].

11. Gegenbeweis (1932). Transpositionskinematiken kennen nur Zuordnungen der Ort- und Zeitkoordinaten eines Dingpunktes nebst ihren Variationen; das Mittel und seine Fortpflanzungsfähigkeit spielen dabei keine Rolle. Wir dürfen uns daher ein isochron schwankendes Feld $\Omega = \omega\,(xyz) \cdot \chi(t)$ vorstellen, ohne uns fragen zu müssen, wie es verwirklicht ist; als konkretes Beispiel diene eine stetige Reihe von »starr« verbundenen, gleichen Massenpunkten, die unter der Einwirkung einer äußeren statischen Spannkraft an den beiden Enden mit unendlich kleinen Elongationen schwingen. In der Galilei-Welt stellen wir von $\hat{\Sigma}$ aus — außer einer etwaigen Verwandlung von ω in $\hat{\omega}$ — wegen $\hat{t} = t$ bloß eine Verschiebung dieses Feldes in seiner Gesamtheit fest, bedingt durch die Transposition der Raumkoordinate x in $\hat{x} - \hat{\mathfrak{v}}\hat{t}$. In der Einstein-Welt hingegen sollen wir außer einer Verschiebung des Gesamtfeldes, bedingt durch $(\hat{x} - \hat{\mathfrak{v}}\hat{t}) : \varkappa$ an Stelle von x, eine Wellenbewegung in diesem Felde in Richtung $\hat{x}$ feststellen, bedingt durch die Transposition der Zeitkoordinate t in $(\hat{t} - \hat{\mathfrak{v}}\hat{x}/c_0^2) : \varkappa$, mit der Wellengeschwindigkeit $c_0^2/\hat{\mathfrak{v}}$; es liegt eine Wellenbewegung vor, weil sie durch keine Transposition auf ein stationäres Feld zurückgeführt werden

kann. Es ist nun aber unmöglich, daß ein störungsloses, also phasenloses Feld durch einen Standortwechsel zu einem Wellenfelde, d. h. Felde wandernder Phasen werde, die immer nur aus einer Störungsquelle stammen können. Auch könnte unmöglich die Wellengeschwindigkeit allein von der beliebigen Verschiebung $\mathfrak{v}$ zweier Bezugsysteme gegeneinander bedingt sein; ist sie doch immer eine Funktion der Eigenschaften und der Bewegung des Mittels und der Quelle. Um diesen wellenkinematisch unmöglichen Folgerungen zu entgehen, muß daher die Möglichkeit einer Welle ausgeschlossen, also $c_0 = \infty$ sein. Mit dem Wesen der Welle ist mithin nur die identische Transposition der Zeit $t = \hat{t}$, also die universelle Zeit verträglich.

12. Gegenbeweis (1932). Nach Gl. XIII in A, § 7 ist der lokalzeitliche Phasenanstieg — in Sinuswellen insbesondere die Wellenfrequenz — an einer ausgebildeten wandernden Wellenschale nicht für einen in dem Mittel ruhenden Beobachter konstant, sondern für einen im Ausstrahlungsgebiet der Wellenschale ruhenden.

13. Gegenbeweis (1932). Nach der Formel X′ in A § 11, welcher auch die Feldgleichungen von Minkowski unterliegen, haben wir als Doppler-Effekt zwischen einem Beobachter im Ausstrahlungsgebiet R einer Wellenfläche und irgendeinem anderen Beobachter

$$\frac{\dot{\varphi} - \dot{\hat{\varphi}}}{|\dot{\hat{\varphi}}|} = \frac{(\mathfrak{c}^R \mathfrak{n})}{|\mathfrak{c}|},$$

worin $\dot{\varphi}$ bzw. $\dot{\hat{\varphi}}$ die lokalzeitlichen Anstiege ein und derselben Wellenphase φ für beide Beobachter bedeuten, in Sinuswellen insbesondere die Wellenfrequenz bzw. die Quellenfrequenz. Für Phasenflächenelemente, deren Normale $\mathfrak{n}$ senkrecht zu der Radiationsgeschwindigkeit $\mathfrak{c}^R$ gerichtet ist, verschwindet also der Doppler-Effekt, wohingegen es nach einer Einstein-Transposition, mit der doch die Feldgleichungen von Minkowski gewonnen worden sind, es auch dann einen Doppler-Effekt geben soll. Ferner tritt in der Einstein-Formel im Nenner die Größe $\sqrt{c_0^2 - q^2}$ statt $|\mathfrak{c}|$ auf, so daß der Doppler-Effekt für Körpergeschwindigkeiten, die der Lichtgeschwindigkeit c_0 nahekommen, außerordentlich groß ausfallen müßte. Dergleichen ist an Kanalstrahlen nicht beobachtet worden.

14. Gegenbeweis (1932). Wie wir in A § 15 nachgewiesen haben, schließt das Wesen der Welle, das in geordneten Wanderungen stetig verteilter Phasenwerte in einem Mittel besteht, die Forderung

Einsteins nach einer strikten Relativität aller Naturvorgänge aus. Von verschiedenen Standorten aus stellt sich ein und dieselbe Welle verschieden dar. Ein Beobachter kann von sich aus schon an der Form, der Frequenz- und Wellenlängenverteilung an einer Wellenschale feststellen, ob der Phasenerreger, die Quelle, und der Phasenübermittler, das Mittel, zueinander ruhen oder nicht, ob er selbst sich mit der Scheinquelle bewegt oder nicht. Die Forderung einer strikten Relativität aller Naturvorgänge weist die Wellenkinematik ein für allemal zurück.

Kritik von Folgerungen aus der Invarianz der Wellenphase bei einer Einstein-Transposition

Auch hier handelt es sich darum, φ und $d\,\varphi$ — also φ, $\dot{\varphi}$ und $\mathfrak{w}$ — zu transformieren.

Wir schließen an das allgemeine Grundgesetz in A § 8 an, das lautet

$$\text{III)}\qquad d\,\varphi = \dot{\varphi}\,d\,t + (d\,\mathfrak{r}, \operatorname{grad}\varphi) = \dot{\hat{\varphi}}\,\hat{d}\,\hat{t} + (\hat{d}\,\hat{\mathfrak{r}}, \operatorname{gr\hat{a}d}\hat{\varphi}) = \hat{d}\,\hat{\varphi},$$

welches die Identität der wandernden Wellenphase φ in einem Phasenfelde gegenüber allen Bezugsystemen zu mathematischem Ausdruck bringt. Die Raumzeitverbindung zwischen den beiden Bezugsystemen Σ und $\hat{\Sigma}$ soll jetzt die Punktkinematik von Einstein für reine Verschiebung $\mathfrak{v}$ beider Systeme gegeneinander liefern. Dann ist unter Beibehaltung der dortigen Bezeichnungen bekanntlich für bewegte Dingpunkte

$$\text{1)}\quad \left\{\begin{aligned} &\hat{d}\,\hat{t} = \frac{1-(\mathfrak{c}\,\mathfrak{v})/c_0^2}{\varkappa}\cdot d\,t, \qquad \varkappa = \sqrt{1-\mathfrak{v}^2/c_0^2} < 1, \text{ und wegen}\\ &\varkappa\,\mathfrak{c} = \left\{1-\frac{(\mathfrak{c}\,\mathfrak{v})}{c_0^2}\right\}\hat{\mathfrak{c}} + \mathfrak{v} - (1-\varkappa)\,\frac{(\mathfrak{c}\,\mathfrak{v})}{\mathfrak{v}^2}\cdot\mathfrak{v},\\ &\hat{d}\,\hat{\mathfrak{r}} = \hat{\mathfrak{c}}\cdot\hat{d}\,\hat{t} = d\,\mathfrak{r} - \frac{\mathfrak{v}}{\varkappa}\,d\,t + \frac{1-\varkappa}{\varkappa}\,(d\,\mathfrak{r}, \mathfrak{v})\,\frac{\mathfrak{v}}{\mathfrak{v}^2}, \end{aligned}\right.$$

so daß Gl. III übergeht in

$$d\,t\left\{\dot{\varphi} - \frac{\dot{\hat{\varphi}}}{\varkappa} + \frac{(\mathfrak{v}, \operatorname{gr\hat{a}d}\hat{\varphi})}{\varkappa}\right\} + \left(d\,\mathfrak{r}, \operatorname{grad}\varphi + \frac{\dot{\hat{\varphi}}}{c_0^2}\cdot\frac{\mathfrak{v}}{\varkappa} - \operatorname{gr\hat{a}d}\hat{\varphi} - \frac{1-\varkappa}{\varkappa}\,(\mathfrak{v}, \operatorname{gr\hat{a}d}\hat{\varphi})\cdot\frac{\mathfrak{v}}{\mathfrak{v}^2}\right) = 0.$$

Weil in demselben Bezugsystem Raum- und Zeitmessungen unabhängig voneinander sind, zerfällt diese Gleichung, bedenkend daß $\mathfrak{v} = -\hat{\mathfrak{v}}$, in

$$\varkappa\,\dot{\varphi} - \dot{\hat{\varphi}} - (\hat{\mathfrak{v}}, \hat{\operatorname{grad}}\,\hat{\varphi}) = 0$$

$$\operatorname{grad}\varphi - \hat{\operatorname{grad}}\,\hat{\varphi} - \frac{\dot{\hat{\varphi}}}{\varkappa\,c_0^2}\cdot\hat{\mathfrak{v}} - \frac{1-\varkappa}{\varkappa}(\hat{\mathfrak{v}}\,\hat{\operatorname{grad}}\,\hat{\varphi})\,\frac{\hat{\mathfrak{v}}}{\mathfrak{v}^2} = 0.$$

Ist in dem Felde der Wellenphase φ die Eigengesetzlichkeit der Phasenflächen zu mathematischem Ausdruck gebracht, was wir nun voraussetzen, dann ist $-\operatorname{grad}\varphi = \mathfrak{w}$ die Wellennormale; entsprechend in $\hat{\Sigma}$. Durch skalare Multiplikation der zweiten Gleichung mit $\mathfrak{v} = -\hat{\mathfrak{v}}$ und beachtend, daß $\mathfrak{v}^2/c_0{}^2 = 1 - \varkappa^2$, kommt zunächst

$$(\mathfrak{v}\,\mathfrak{w}) - \frac{1-\varkappa^2}{\varkappa}\cdot\dot{\hat{\varphi}} + \frac{(\hat{\mathfrak{v}}\,\hat{\mathfrak{w}})}{\varkappa} = 0$$

also auch, durch Vertauschen der Systeme

$$(\hat{\mathfrak{v}}\,\hat{\mathfrak{w}}) - \frac{1-\varkappa^2}{\varkappa}\cdot\dot{\varphi} + \frac{(\mathfrak{v}\,\mathfrak{w})}{\varkappa} = 0.$$

Damit schreiben sich nun die beiden Zerfallsgleichungen

2)
$$\mathfrak{w} = \hat{\mathfrak{w}} - \frac{\dot{\hat{\varphi}}}{\varkappa\,c_0^2}\cdot\hat{\mathfrak{v}} + \frac{1-\varkappa}{\varkappa}(\hat{\mathfrak{w}}, \hat{\mathfrak{v}})\cdot\frac{\hat{\mathfrak{v}}}{\mathfrak{v}^2}$$

oder auch

$$\hat{\mathfrak{w}} = \mathfrak{w} - \frac{\dot{\varphi}}{\varkappa\,c_0^2}\cdot\mathfrak{v} + \frac{1-\varkappa}{\varkappa}(\mathfrak{w}, \mathfrak{v})\cdot\frac{\mathfrak{v}}{\mathfrak{v}^2}$$

und

3)
$$\varkappa\left(\frac{d\varphi}{dt}\right)_{\mathfrak{c}=0} = \varkappa\,\dot{\varphi} = \dot{\hat{\varphi}} - (\hat{\mathfrak{v}}\,\hat{\mathfrak{w}}) = \left(\frac{\hat{d}\hat{\varphi}}{\hat{d}\hat{t}}\right)_{\mathfrak{c}=0}$$

oder auch
$$\varkappa\left(\frac{\hat{d}\hat{\varphi}}{\hat{d}\hat{t}}\right)_{\hat{\mathfrak{c}}=0} = \varkappa\,\dot{\hat{\varphi}} = \dot{\varphi} - (\mathfrak{v}, \mathfrak{w}) = \left(\frac{d\varphi}{dt}\right)_{\hat{\mathfrak{c}}=0},$$

gültig für jedes Mittel und gültig auch für die Front und den Rücken der Welle, der ersten bzw. der letzten Phasenfläche. Das Ergebnis 3) hätten wir auch ohne weiteres hinschreiben können, denn es ist allgemein $\dfrac{\hat{d}\hat{\varphi}}{\hat{d}\hat{t}} = \dfrac{\varkappa}{1-(\mathfrak{c}\,\mathfrak{v})/c_0{}^2}\cdot\dfrac{d\varphi}{dt}$.

Aus Gl. 2) ergibt sich, bedenkend daß aus Gl. III für $d\varphi = 0$ als Geschwindigkeit der Phase in Richtung der Wellennormalen $\mathfrak{c}_n = \dot{\varphi}/\mathfrak{w}^2\cdot\mathfrak{w}$ folgt,

4)
$$\hat{\mathfrak{w}}^2 = \mathfrak{w}^2\left\{1 + \frac{1-\varkappa^2}{\varkappa^2}\left[\frac{\mathfrak{c}_n^2}{c_0^2} - 2\,\frac{(\mathfrak{c}_n\,\mathfrak{v})}{\mathfrak{v}^2} + \frac{(\mathfrak{c}_n\,\mathfrak{v})^2}{\mathfrak{c}_n^2\cdot\mathfrak{v}^2}\right]\right\}.$$

15. Gegenbeweis (1932). Wenn die Quelle periodisch erregt ist, mißt der Beobachter in Σ in der Welle die Wellenlänge $2\pi/|\mathfrak{w}|$ und der Beobachter in $\hat{\Sigma}$ an derselben Stelle in derselben Welle die Wellenlänge $2\pi/|\hat{\mathfrak{w}}|$, beidemal senkrecht zu den Wellenflächen gemessen, deren Lage für beide nicht identisch ist. Gemäß einer Einstein-Transposition messen gegeneinander bewegte Beobachter nach der Beziehung 4) eine verschiedene kinematische Wellenlänge zwischen denselben, aber verschieden gelagerten Wellenflächen.

Erzeugen übereinandergelagerte, kohärente, freie Wellen in Σ Interferenzstreifen, so soll nach den obigen Formeln der Einstein-Lehre der Beobachter in $\hat{\Sigma}$ verwaschene Streifen oder gar keine wahrnehmen, besonders wenn diese Wellen parallel oder antiparallel zu $\mathfrak{v}$ laufen. Entsprechendes gilt für Beugungsfransen, die in einer räumlichen Periodizität von $\mathfrak{w}$ bestehen [36].

Resonanzschwingungen sind Überlagerungswirkungen von mit- und gegenläufigen, gangverschobenen, kohärenten, geführten Wellen an geschlossenen, symmetrischen Unstetigkeitsflächen, Wellen von derartig ausgezeichneten Wellenlängen, daß relativ zur U-Fläche sich festliegende Knoten und Bäuche haben ausbilden können [17, 32]. Herrscht ein solcher ausgezeichneter Wellenzustand elektrischer Natur für den Beobachter Σ, so soll er nach obigen Formeln nicht für den Beobachter $\hat{\Sigma}$ herrschen können, besonders nicht, wenn die Wellen ziemlich parallel oder antiparallel zu $\mathfrak{v}$ laufen; die Lorentz-Verkürzung der U-Fläche vermag den wellenkinematischen Unterschied nicht auszugleichen. Die Verfechter der strikten Relativität können dieser Sachlage nur entgehen, wenn sie sie zu einer Sinnestäuschung stempeln.

Die Formeln 2) und 3) setzen uns in den Stand, die Phasengeschwindigkeiten

$$\mathfrak{c}_n = \frac{\dot{\varphi}}{\mathfrak{w}^2} \cdot \mathfrak{w} \text{ in } \Sigma \qquad \text{und} \qquad \hat{\mathfrak{c}}_{\hat{n}} = \frac{\dot{\hat{\varphi}}}{\hat{\mathfrak{w}}^2} \cdot \hat{\mathfrak{w}} \text{ in } \hat{\Sigma}$$

miteinander zu verbinden. Wir bekommen zunächst

$$\hat{\mathfrak{c}}_{\hat{n}} = \frac{1}{\varkappa} \frac{\mathfrak{w}^2}{\hat{\mathfrak{w}}^2} \left\{ \dot{\varphi} - (\mathfrak{v}\,\mathfrak{w}) \right\} \cdot \left\{ \frac{\mathfrak{w}}{\mathfrak{w}^2} - \frac{\dot{\varphi}}{\varkappa\, c_0{}^2} \cdot \frac{\mathfrak{v}}{\mathfrak{w}^2} + \frac{1-\varkappa}{\varkappa} \frac{(\mathfrak{w}\,\mathfrak{v})}{\mathfrak{w}^2} \cdot \frac{\mathfrak{v}}{\mathfrak{v}^2} \right\}.$$

Beachten wir, daß

$$\frac{\dot{\varphi}}{\mathfrak{w}^2} \cdot \frac{(\mathfrak{w}\,\mathfrak{v})\,\mathfrak{v}}{\mathfrak{v}^2} = (\mathfrak{c}_n \mathfrak{v}) \frac{\mathfrak{v}}{\mathfrak{v}^2}; \quad \frac{(\mathfrak{v}\,\mathfrak{w})^2}{\mathfrak{w}^2} = \frac{(\mathfrak{c}_n\,\mathfrak{v})^2}{\mathfrak{c}_n{}^2};$$

$$\frac{1}{c_0{}^2} \frac{\dot{\varphi}}{\mathfrak{w}^2} (\mathfrak{v}\,\mathfrak{w})\,\mathfrak{v} = \frac{\mathfrak{v}^2}{c_0{}^2} \frac{\dot{\varphi}}{\mathfrak{w}^2} (\mathfrak{w}\,\mathfrak{v}) \frac{\mathfrak{v}}{\mathfrak{v}^2} = (1 - \varkappa^2)\,(\mathfrak{c}_n\,\mathfrak{v}) \frac{\mathfrak{v}}{\mathfrak{v}^2},$$

so wird

$$5)\quad \mathfrak{c}_n = \varkappa \frac{\hat{\mathfrak{w}}^2}{\mathfrak{w}^2} \hat{\mathfrak{c}}_{\hat{n}} + (\mathfrak{v}\,\mathfrak{n})\,\mathfrak{n} + \frac{1}{\varkappa} \frac{\mathfrak{c}_n{}^2}{c_0{}^2} \mathfrak{v} - \frac{1-\varkappa}{\varkappa} \left\{ 2 + \varkappa - \frac{(\mathfrak{c}_n \mathfrak{v})}{\mathfrak{c}_n{}^2} \right\} \frac{(\mathfrak{c}_n \mathfrak{v})}{\mathfrak{v}^2} \cdot \mathfrak{v}.$$

Die Gl. 1) für die bezüglichen Geschwindigkeiten eines isolierten Punktes und die Gl. 5) für die bezüglichen Geschwindigkeiten einer Wellenphase entsprechen den Gl. 1) und VII (mit $\mathfrak{b} = 0$) in A § 8 bei einer Galilei-Transposition. Die Gl. 5) hat, wir wiederholen es, lediglich zur Voraussetzung: ein Feld wandernder Phasen φ, betrachtet von irgend zwei sich gegeneinander gleichmäßig verschiebenden Bezugsystemen Σ und $\hat{\Sigma}$ aus, und eine Raumzeitverknüpfung nach Einstein. Die Gl. 5) hat Herr Einstein überhaupt nicht entwickelt. Erst mit ihr und nicht mit Gl. 1) hätte er an Wellen-Probleme herantreten dürfen, in denen $\dot{\varphi}$ und $\mathfrak{w}$, $\dot{\hat{\varphi}}$ und $\hat{\mathfrak{w}}$ eine Rolle spielen; allerdings wären auch dadurch nicht seine Ergebnisse haltbar geworden. Allein schon die Mehrgliedrigkeit von 4) und 5) spricht gegen das Diktat $c = c_0$ an der Front unter allen Umständen.

16. Gegenbeweis (1932). Wir vergleichen die allgemeine Ausbreitungsform 5) der Phasen normal zu ihren Flächen nach der Raumzeitlehre von Einstein mit unserer Gipfelformel IX in A § 9 $\mathfrak{c}_n = \hat{\mathfrak{c}} + (\mathfrak{c}^R\,\mathfrak{n})\,\mathfrak{n}$, die sich an Hand unseres früher geschilderten annahmen- und einwandfreien, strengen Rechenverfahrens ohne irgendeine Transposition hat ermitteln lassen, indem wir jetzt das Bezugsystem $\hat{\Sigma}$ in das Radiationsgebiet R der betrachteten Wellenfläche legen. Dann muß $\mathfrak{v} = \mathfrak{c}^R$ und $\hat{\mathfrak{c}}$ die Relativgeschwindigkeit des Wellenflächenelementes $(\mathfrak{n})$ bzw. $(\hat{\mathfrak{n}})$ gegenüber R sein. Das ist aber sichtlich unmöglich, es sei denn $c_0 = \infty$, womit wir aber bei der Galilei-Transposition anlangen würden; es genügt der Betrachtung $\mathfrak{c}$ parallel und antiparallel zu $\mathfrak{c}^R$ zugrunde zu legen. Die Raumzeitlehre von Einstein erweist sich somit als falsch, wohingegen sich die Galilei-Welt als die Welt zu erkennen gibt.

17. Gegenbeweis (1932). Ohne daß es nun noch besonders nötig wäre, wollen wir doch noch zeigen, weshalb die von der Theorie Einsteins errechnet geglaubte »teilweisige Mitführung« einer Welle keine ist. Um diese zu gewinnen, transponiert sie eine elektromagnetische Sinuswelle in ruhender Materie $(\hat{\Sigma})$ in bewegte Materie (Σ) mit der Geschwindigkeit $(-\mathfrak{u})$ und glaubt von Σ aus betrachtet, von wo sich nun die Materie mit der Geschwindigkeit $+\mathfrak{u}$ bewegt, aus ihrer Formel für jede Wellenfläche im Innern der Welle ein wanderndes Radiationsgebiet herauszulesen, auch im reinen Äther $(\varepsilon\mu = 1)$. Sie findet

$$6)\qquad c_n = \frac{c_0 + \sqrt{\varepsilon\mu}\cdot u\cdot\cos\vartheta}{\sqrt{(u+\sqrt{\varepsilon\mu}\cdot c_0\cdot\cos\vartheta)^2 + \varepsilon\mu\,(c_0{}^2 - u^2)\sin^2\vartheta}},$$

worin ϑ der Winkel zwischen der Wellennormale $\mathfrak{w}$ und der Geschwindigkeit $\mathfrak{u}$ des Mittels ist. In A §§ 6 bis 9 sind wir belehrt worden, daß nach den Grundgesetzen der Phasenausbreitung in bewegten Mitteln, Gl. I, II, VII und IX, auch bei Zulassung einer Einstein-Transposition für das Innere der Welle in obiger Gl. 6) das erste Glied die Relativgeschwindigkeit der betrachteten Wellenfläche gegen ihre Scheinquelle R und das zweite Glied die Komponente der Verschiebungsgeschwindigkeit $\mathfrak{c}^R$ dieser Wellenfläche samt ihrer Scheinquelle in Richtung der Flächennormale $\mathfrak{n}$ sein müßte. Wir müssen daher Gl. 6) umschreiben in die Form

$$c_n = \frac{1}{N}\cdot\frac{c_0}{\sqrt{\varepsilon\mu}} + \frac{1}{N}\cdot u\cos\vartheta$$

$$6')\qquad \text{mit } N = \sqrt{\left(\frac{1}{\varepsilon\mu} + \frac{u}{c_0}\cos\vartheta\right)^2 + \left(1 - \frac{1}{\varepsilon\mu}\right)\left(1 - \frac{u^2}{c_0{}^2}\right)}.$$

Man hat dagegen aus 6) für kleine Werte von $u^2/c_0{}^2$ die Formel hergeleitet

$$6'')\qquad c_n \cong \frac{c_0}{\sqrt{\varepsilon\mu}} + \left(1 - \frac{1}{\varepsilon\mu}\right)\cdot u\cos\vartheta$$

und, weil $1 - 1/\varepsilon\mu$ der empirische »Mitführungskoeffizient« ist, sich ohne nähere Untersuchung der Überzeugung hingegeben, die gesuchte teilweisige Mitführung damit dargestellt zu haben.

Wir halten uns an die strenge Formel 6'). Wir wollen uns nicht dabei aufhalten, daß nach ihr (in Hinblick auf I in A § 6) der Fresnel-Faktor $1/N$ sein müßte, der insbesondere für die Wellenflächenelemente parallel bzw. antiparallel zu $\mathfrak{u}$ liefern würde

$$1/N = 1/\sqrt{\left(\frac{1}{\sqrt{\varepsilon\mu}}\cdot\frac{u}{c_0} \pm 1\right)^2},$$

daß ferner derselbe Ausdruck als Faktor in der angeblichen Relativgeschwindigkeit $1/N \cdot c_0/\sqrt{\varepsilon\mu}$ niemals imaginär werden kann, was aber die Feldgleichungen von Minkowski formell für gewisse Mittelgeschwindigkeiten u verlangen, wir richten vielmehr unser Augenmerk auf die Tatsache, daß in N ein Glied $u\cos\vartheta = (\mathfrak{u}\,\mathfrak{n})$ auftritt, desgleichen in den allgemeinen Formeln 4) und 5). In einem Fresnel-Faktor darf aber die etwaige Abhängigkeit von der Mittelgeschwindigkeit $\mathfrak{u}$ nicht in den Formen $(\mathfrak{u}\,\mathfrak{n})$ oder $(\mathfrak{u}\,\mathfrak{n})^2$ auftreten, weil man sonst unmöglich von einer gemeinsamen Geschwindigkeit aller Wellenflächenelemente in bezug auf Σ reden könnte. In der Tat ist diese selbstverständliche Bedingung in den Fresnel-Faktoren aller bekannten Elektrodynamiken erfüllt; in der Theorie von Minkowski z. B. ist $f = (\varepsilon\mu - 1) : (\varepsilon\mu - u^2/c_0^2)$. — Und was das erste Glied in 6') anbelangt, das die Relativgeschwindigkeit $\mathfrak{c}$ angeben soll, so wäre nach ihm wegen eben des Gliedes $u \cos \vartheta$ in N die Umhüllende der Geschwindigkeitsrose der $\mathfrak{c}$ kein doppelsymmetrisches Oval mit einer Symmetrieebene quer zu $\mathfrak{u}$, auf welche Form man aber ohne Verwendung einer Transpositionskinematik gemäß allen nach-Hertzischen Elektrodynamiken stößt. Transponiert man hingegen die wahre Relativgeschwindigkeit $\mathfrak{c}$, so wie sie sich aus den Feldgleichungen von Minkowski ergibt, und die parallel der Wellenflächennormale $\mathfrak{n}$ gerichtet ist, mit Einstein nach Σ, so bekommt man, von Σ aus beurteilt. eine andere Geschwindigkeitsrose, unsymmetrisch sowohl hinsichtlich der Richtung als auch des Betrages. — Und zuletzt, doch nicht zum geringsten: Das Bezugsystem $\hat{\Sigma}$ von Einstein wurde fest in die bewegte Materie gelegt. Die Formel 6') kann daher gar nicht die Verschiebung der Wellenfläche samt ihrer Scheinquelle wiedergeben, denn sie kann keinen Punkt aufweisen, von dem aus die Wellenfläche scheinbar ausläuft und der mit der Geschwindigkeit $f \cdot \mathfrak{u} - \mathfrak{u} = -(1 - f)\, \mathfrak{u}$ hinter dem bewegten Mittel immer mehr zurückbleibt. Die Theorie von Einstein weiß nichts von der wellenkinematisch notwendigen Existenz der Scheinquelle. Sie kennt nur und kann nur kennen die wahre Quelle, die sie in dem materiellen Mittel ruhend voraussetzen muß, wogegen wir nach A, § 6 wissen, daß die Form 6') eine zum Beobachter ruhende Quelle verlangt, für den sich die Materie bewegt. Wir müssen also hier feststellen, daß sich der Urheber und die Anhänger dieser Theorie nicht klargemacht haben, was ihre allgemeinen Formeln 4) und 5), sowie insbesondere 6) einerseits liefern, andererseits liefern müßten. Wir können es ihnen aber sagen. Diese Formeln stellen lediglich eine von Σ aus vorgenommene Verzerrung der Bewegung der einzelnen wandernden Wellenflächenelemente in bezug auf den Ursprung des in der Materie (und der Quelle) festen Achsenkreuzes $\hat{\Sigma}$ dar nach einem Gesetze, das völlig in der Luft schwebt. Weil die hinsichtlich Σ verzerrten Geschwindigkeiten keine gemeinsame Komponente parallel zu $\mathfrak{u}$ additiv enthalten, ist das Gesamtbild keiner wellenkinematischen Auslegung fähig. Die Einsteinlehre führt nicht auf eine teilweisige Mitführung einer Wellenfläche seitens der Materie. Ihre Formeln liefern nicht die Existenz und die Geschwindigkeit des für jede Wellenfläche zu fordernden, nicht in der Materie ruhenden Ausstrahlungsgebietes R, der Scheinquelle.

Die relativ zu einer scheinbaren Quelle sich mit bestimmter Geschwindigkeit ausdehnende Wellenfläche sowie ihre gleichzeitige, mit bestimmter Geschwindigkeit erfolgende Verlagerung als Ganzes samt ihrer Scheinquelle ist ein wellenkinematischer Vorgang, der überhaupt nicht durch einen Standwechsel des Beobachters vermöge einer Transpositionskinematik errechnet werden kann. Denn letztere verknüpft nur die Lagen eines Dingpunktes in zwei beliebigen Bezugsystemen beliebiger Geschwindigkeit miteinander. Hier aber ist eines davon ein besonders bevorzugtes, nicht das in der Materie feste, nicht das in der Quelle feste, sondern das in der Wellenfläche feste, das Radiationsgebiet der Wellenfläche, das seine Existenz und seine Geschwindigkeit erst zu erweisen hat. Man mag Transpositionskinematiken wählen, welche man auch ersinnen kann, sie liefern — auf die Wanderung von Wellenphasen angewandt — für zwei beliebige Bezugsysteme Doppler-Effekt und Beziehungen zwischen den Wellennormalen und Wellengeschwindigkeiten, die aber wie die Gl. 2), 3) und 5) für die Einstein-Welt bzw. die Gl. V, VI und VII in A § 8 für die Galilei-Welt zeigen, rein formalen Charakter haben. Sie liefern nicht den Fresnel-Effekt, den Doppler-Effekt und den Bradley-Effekt quantitativ. Diese spezifischen Welleneffekte kann man quantitativ nur darstellen, wenn man an vorgelegten Feldgleichungen in bewegten Mitteln die eigengesetzliche Wanderung der Wellenphasen zum Ausdruck bringt. Dabei tritt der Fresnel-Faktor f nur dann in die Erscheinung, wenn Quelle und Mittel sich gegeneinander bewegen. Dieser Tatbestand wird im reinen Äther bei reiner Verschiebung von Quelle und Mittel verschleiert durch dessen Eigentümlichkeit, den Fresnel-Faktor $f = 0$ zu haben, indem dadurch $\mathfrak{c}^R$ nach Gl. IX in A § 9 den bestimmten und ausgezeichneten Wert $\mathfrak{v}$, die Geschwindigkeit von Q_0 gegen den Beobachter Σ, annimmt.

Die Größen $\dot{\varphi}$ und $\mathfrak{w}$ in zwei Bezugsystemen, von denen das eine im Ausstrahlungsgebiet R fest ist, sowie die Ausdehnungsgeschwindigkeit $\hat{\mathfrak{c}}$ und die Radiationsgeschwindigkeit $\mathfrak{c}^R$ ergeben sich also immer erst aus einer tief eindringenden Analyse an zugrunde gelegten Feldgleichungen der Bewegung ohne Benutzung einer Transpositionskinematik. Diese Analyse ist von besonderer, bisher unbekannter Art. Sie bedarf nämlich der ausdrücklichen Einführung des Interferenzprinzipes, das zum Ausdruck bringt, daß es sich hier um ein Wellenfeld handelt [37]. Dies gilt insbesondere auch für die Darstellung des Fresnel-Effektes an der bewegten Front, die ja die erste Wellenfläche ist. Die verlangte Identität und Eigengesetzlichkeit der Phasenbewegung wird hier durch die Formel $d\mathfrak{A}/dt = 0 = \dot{\mathfrak{A}} + (\mathfrak{c}\,\triangledown)\,\mathfrak{A}$ ausgedrückt, worin $\mathfrak{A}$ eine wandernde Feldgröße bezeichnet.

Daß eine Untersuchung der Phasenwanderung von zwei Bezugsystemen aus vermittels einer Galilei-Transposition universellen Charakter hat, geht auch deutlich aus der Betrachtung der bisherigen Elektrodynamiken hervor. Mit Ausnahme der von Minkowski stehen alle in der Galilei-Welt. Ihre Wellengeschwindigkeiten $\hat{\mathfrak{c}}$ und $\mathfrak{c}^R$ sind von Theorie zu Theorie verschieden, aber alle fügen sich in dasselbe Ausbreitungsschema $\mathfrak{c} = \hat{\mathfrak{c}} + \mathfrak{c}^R$. Ist eine Theorie aus einer anderen Welt, wie z. B. die von Minkowski, so werden ihre Feldgleichungen zwangsweise in das genannte Schema eingefügt, entgegen dem Sinn und der Herleitung der Feldgleichungen der Theorie. Diese merkwürdige Tatsache erklärt sich daraus, daß keine andere als die Galilei-Welt formal den Fresnel-Effekt liefern kann, eben welchen die Feldgleichungen der Bewegung aus sich heraus lieferten.

Die Physik in die Galilei-Welt tauchend müssen wir also — so sollte man nun meinen — mit bekannten, zutreffenden Feldgleichungen der Ruhe von Quelle und Mittel unter Verwendung der Galilei-Transposition zwangläufig die noch unbekannten, zutreffenden Feldgleichungen der Bewegung bekommen. Das ist auch, soweit bis jetzt zu erkennen, auf dem Gebiete der Elastik der Fall. Nicht aber bis jetzt auf dem Gebiete der Elektrodynamik. Legt man die Maxwellschen Feldgleichungen der Ruhe zugrunde, so gelangt man unter gewissen Annahmen zu der Elektrodynamik von Hertz, die wir aber in Prüfung an der Erfahrung ablehnen müssen. Dies Versagen rührt daher, daß wir die Feldgleichungen für ein Mittel zugrunde gelegt haben, das, wie wir jetzt wissen, in bezug auf die Wellenquelle ruht. Die für das Verfahren notwendigen Feldgleichungen für eine zu einem Mittel bewegte Wellenquelle kennen wir aber vorläufig nicht, und die Umkehrung, die für ein zu einer Wellenquelle bewegtes Mittel, suchen wir ja eben. Eine Galilei-Transposition kann also nicht die Unkenntnis der Feldgleichungen für eine zu dem Mittel bewegte Wellenquelle ersetzen. Aus demselben Grunde würde auch nicht eine Einstein-Transposition, selbst wenn sie in der Natur verwirklicht wäre, zum Ziele führen. Es gibt keinen anderen Weg als an Hand von gewonnenen Erfahrungen und vorläufigen Annahmen die Elektrodynamik aufzubauen und alle erreichbaren Folgerungen an den Erfahrungen zu prüfen. Die Galilei-Transposition sowie unser öfters genanntes Rechenverfahren (A § 3) für die Front, erweisen sich dabei als empfindliche Prüfsteine. Daß wir sogar im Falle der Ruhe von Quelle und Mittel mit den Maxwellschen Feldgleichungen noch nicht in jeder Hinsicht die Wahrheit getroffen haben, konnte ich zeigen [15, 32, 34].

Weil die Neue Lehre nicht den Fresnel-Effekt kennt, kennt sie auch nicht den Bradley-Effekt, die Aberration, im universell-wellenkinematisch-energetischen Sinne als Richtungs- und Stärkeunterschied der Energiebewegung an und mit einem Wellenflächenelemente für zwei Beobachter, von denen einer mit dem Radiationsgebiet der Wellenfläche sich bewegt. Zwar vermag Herr Einstein eine Aberration aus seinen Postulaten herzuleiten als reinen Effekt von Raum und Zeit in seinem Sinne. Sie ist bei ihm anderseits aber auch elektromagnetisch-energetischer Art und erreicht durch eine punktkinematische, von uns als untauglich erwiesene Raum- und Zeitverzerrung; siehe Gl. 1) bis 5). Es gibt die seinige also, wenn nur es Bewegung irgend zweier Bezugsysteme, also zweier Beobachter gegeneinander gibt, während in Wahrheit die Bewegung der Quelle sowohl gegen den Beobachter als auch gegen das Mittel eine Rolle spielt, kurz, die Bewegung des Radiationsgebietes, indem es, insbesondere bei reiner Verschiebung, Aberration gibt, allemal wenn die Radiationsgeschwindigkeit der Wellenfläche $\mathfrak{c}^R = \mathfrak{u} + (1 - f)\,\mathfrak{q} = \mathfrak{v} - f\mathfrak{q}$ von null verschieden ist; siehe A § 9. Mittelgeschwindigkeit $\mathfrak{u}$ gegen den Beobachter und Quellengeschwindigkeit $\mathfrak{q}$ gegen das Mittel können somit durch Kompensation eine Aberration verhindern, wenn der Fresnel-Faktor f von eins verschieden ist. Beim Schall ($f = 1$) gibt es daher, vom Mittel aus beurteilt, keine Aberration. Im reinen Äther ($f = 0$) geht allein die Geschwindigkeit $\mathfrak{v}$ der Quelle gegen den Beobachter ein. Von der Quelle aus beurteilt gibt es keine elektromagnetische Aberration, gleichgültig ob sich der Äther bewegt oder nicht, vom Äther aus beurteilt aber nur, falls sich die Quelle bewegt. Hier hatte die Neue Lehre zufällig das Glück, angenähert das Richtige zu treffen, aber nur, weil im reinen Äther $f = 0$ befunden wird. Das war aber anderseits für Einstein ein Unglück. Weil nämlich für verschwindendes f bei reiner Verschiebung $\mathfrak{c}^R = \mathfrak{v}$ ist, kam die Bewegung $\mathfrak{q}$ der Quelle gegen das Mittel, den reinen Äther, nicht in Betracht, was einen rein mathematischen Geist verführen konnte, dies ausgezeichnete Mittel hinwegzudekretieren. Jeder Versuch den Aberrationswinkel lediglich durch eine Raumzeit-Transposition, die ja kein Mittel und keine Quelle kennt, darzustellen, ist zum Scheitern verurteilt. Das gleiche gilt vom Doppler-Effekt. — Schließlich erkennen wir auch, daß die Begründung der Verkündung: Zwei Beobachter, die sich im Ausstrahlungspunkt ein und derselben elektromagnetischen Wellenfläche im leeren Raume befinden, können auch zueinander in Bewegung sein, so daß zwei Scheinquellen von einer wahren Quelle existieren, angesichts der Wellenkinematik zu einem mathematischen Scherz hinabgesunken ist, gleichwie die Ausbreitung im Nichts und das Diktat $c = c_0$ unter allen Umständen. Von Diktaten müssen wir reden, weil ihr Verkünder es unterlassen hat, die notwendige Verträglichkeit dieser Postulate mit der Theorie des Feldes und der Frontbewegung nachzuweisen.

Unsere Ausführungen enthalten gleichzeitig Gegenbeweise gegen die Behauptung der Einsteinianer, daß an der Neuen Lehre nichts dunkel sei.

Die Frage drängt sich nun auf: Ist ein prinzipieller Grund angebbar, weshalb die neue Raumzeitlehre unhaltbar ist? Der aufmerksame Leser dieser Kritik ahnt ihn: es ist die Unkenntnis vom Wesen der Welle, dem tragenden Begriff in dieser Lehre. Fresnel-Effekt, Doppler-Effekt und Bradley-Effekt sind reale Erscheinungen an jeder Welle wie Rückwerfung und Brechung an einer Unstetigkeitsfläche auch; sie sind spezifische Welleneffekte. Herr Einstein kennt dagegen in seinen Postulaten der Feldrelativität nur das elektromagnetische Feld, und zwar das gewöhnliche für den ladungsfreien, leeren Raum, sowie zwei berechtigte Bezugsysteme Σ und Σ', von denen aus ein und dasselbe Feld beurteilt wird, dem sein Diktat $c = c' = c_0$ »unter allen Umständen«, also auch bei bewegten Ladungen und Materien, für die Wellenfront aufgedrückt wird. Von den Phasen und ihrer Erzeugung, sowie der Quellungsform einer Quelle, von den eigengesetzlich wandernden und dabei sich dehnenden Phasenflächen, von der Bewegung der Quelle gegen den Wellenträger und von der Existenz einer Scheinquelle ist keine Rede, kann auch keine Rede sein, weil diese Begriffe, die den vorgelegten Feldgleichungen wesensfremd sind, gar nicht aus seinen Postulaten entwickelt werden können. Allein aus dem Grunde, daß in Wahrheit $\mathfrak{c}$ zweigliederig ist und $\hat{\mathfrak{c}}$ und $\mathfrak{c}^R$ von der Bewegung der Quelle gegen das Mittel abhängen, ist $c = c' = c_0$ unter allen Umständen und eine strikte Relativität unmöglich.

Verfolgen wir mit kritischen Augen die Entwicklung der Punktkinematik von Einstein, etwa nach der Darstellung von Herrn v. Laue [45]. Da heißt es: Um zu den neuen Transformationsformeln zu gelangen, fragen wir nach denjenigen linearen Beziehungen zwischen $x'y'z't'$ und $xyzt$, welche die Wellengleichung des elektromagnetischen Feldes in sich selbst überführen, d. h. für welche die Identität gilt

$$\frac{\partial^2 \psi}{\partial x'^2} + \frac{\partial^2 \psi}{\partial y'^2} + \frac{\partial^2 \psi}{\partial z'^2} - \frac{1}{c_0^2}\frac{\partial^2 \psi}{\partial t'^2}$$

$$= \alpha \left\{ \frac{\partial^2 \psi}{\partial x^2} + \frac{\partial^2 \psi}{\partial y^2} + \frac{\partial^2 \psi}{\partial z^2} - \frac{1}{c_0^2}\frac{\partial \psi}{\partial t^2} \right\} = 0,$$

wo α ein zunächst in unbekannter Weise von der Verschiebungsgeschwindigkeit v der beiden Bezugsysteme gegeneinander abhängiger Proportionalitätsfaktor ist. Denn die Wellengleichung $\triangle \psi - \frac{1}{c_0^2}\frac{\partial^2 \psi}{\partial t^2} = 0$ ist die mathematische Formulierung des Gesetzes der Lichtfortpflanzung [von mir gesperrt. K. U.]. Die allgemeinsten Gleichungen, welche — nach Festsetzung des N-P. der Zeit und des Ortes sowie der Parallelität von x und x' hinsichtlich v — den Bedingungen der Linearität genügen, lauten

$$x' = \varkappa(x - v\,t);\; y' = \lambda\, y;\; z' = \lambda\, z;\; t' = \mu\, t - \nu\, x,$$

wo $\varkappa \lambda \mu \nu$ noch zu bestimmende Funktionen von v sind. Nun wird weiter auf streng logischem Wege bewiesen, daß $\alpha = 1$; $\lambda = 1$; $\varkappa = \mu = \pm 1/\sqrt{1 - v^2/c_0^2}$; $\nu = \mu \cdot v^2/c_0^2$, womit man zu der Lorentz-Einsteinschen Punktkinematik gelangt ist.

Nichts ist gegen die logische Herleitung einzuwenden, aber in dem von mir hervorgehobenen Ausgangs-Satze, der in der Physik kanonische Geltung hat, ferner in der Außerachtlassung der Tatsache, daß obige Feldgleichung nur für eine im Mittel ruhende Wellenquelle gilt, sowie in dem Diktat $c' = c = c_0$ sitzen die Quellen alles Übels. Darin und in der selbstverständlichen Aufnahme seitens aller Fachgenossen in der Welt kommt zu klarem Ausdruck, daß die Theoretische Physik nichts von dem Problem der Welle geahnt hat, ja, selbst heute — 18 Jahre nach meinen ersten Veröffentlichungen — noch nichts weiß, denn sonst brauchte ich diese Kritik nicht zu veröffentlichen. Es steht damit so wie bei der anstandslos hingenommenen Annahme einer Wellenreflexion an den Enden eines Oszillators und an dem offenen Ende eines tönenden Rohres, einer stetigen Wellenreflexion in einem stetig inhomogenen Mittel sowie neuerdings der Wellenmechanik von de Broglie. Das kanonische Wort »Wellengleichung« besagt im Grunde alles.

Zur Aufklärung bedarf es jetzt nur mehr einiger Erinnerungen, da wir uns bereits vor vielen Jahren und zuletzt in A §§ 1, 8, 17 ausführlich ausgelassen haben, dort auch auf frühere kritische Ausführungen [17, 32, 37, 38] hingewiesen ist.

In dem lokalzeitlich veränderlichen Felde einer Störungsquelle sind das Wesentliche die von der Quelle erzeugten und in einem Mittel geordnet wandernden individuellen Phasenflächen. Mit ihnen sind gesetzmäßig verbunden Stärkefelder, welche die Stärke, die Struktur und die Natur des wandernden Gebildes kennzeichnen, das wir kurz Welle benennen. Das Phasenfeldsystem einer Quelle ist gleichsam das Skelett, das zugehörige Stärkefeldsystem die fleischige Bekleidung. Wellen sind keine Sinnestäuschungen, wie man in der Literatur lesen kann. Ein in allen Bezugsystemen lokalzeitlich veränderliches Störungsfeld ist stets nichts anderes als eine Welle oder eine Überlagerung von Wellen gleicher oder verschiedener Art aber derselben Gattung. Die sogenannte Wellengleichung hat mit Wellen nichts, aber auch gar nichts zu tun. Sie ist lediglich eine Feldbedingung, die dem Felde einer jeden beliebigen Wellenüberlagerung derselben Wellengattung aufgedrückt ist mit der Folge, daß sie die einzelnen Wellen, ihr Wesen und ihr Gehaben vollkommen unbestimmt läßt. Schlagend zeigt dies die »Wellengleichung« $\operatorname{div}\operatorname{grad}\psi = 0$ der Fluidik, welche nichts anderes zum Ausdruck bringt, als die Dichtebeständigkeit einer wirbelfreien, idealen Flüssigkeit; etwas auf Wellen Bezügliches kann man ihr, dieser einzigen Bedingung, nicht einmal andichten! Welle ist auch kein Phänomen des Standwechsels. Wellen sind Individualitäten, die als solche selbstverständlich auch mathematisch dargestellt zu werden verlangen. Sie lassen sich nicht durch Transposition des Bezugsystems von Stationarität aus darstellen, ja, die statischen und stationären Felder müssen sich bei ihrer theoretischen Herleitung umgekehrt als Endzustände von Wellen mit ermattender Quellungsform ergeben; daraus folgt z. B., daß auch bei stationären elektrischen Strömen das magnetische Feld am stromführenden Leiter stets tangential orientiert sein muß, welche Form auch der Leiter habe und welche benachbarten Ströme auch vorhanden sein mögen [12, 13, 17]. Herr Einstein ging durchaus im Geiste der bisherigen Theoretischen Physik vor, als er in Gleichungen eines veränderlichen Feldes einer physikalischen Theorie nichts anderes sah als nach der Zeitachse erweiterte stationäre Felder und als vollkommen ausreichende, daß er dementsprechend, um die Feldrelativität zum Ausdruck zu bringen, die Ausgangsgleichung $\triangle\psi - \frac{1}{c_0^2}\frac{\partial^2\psi}{\partial t^2} = 0$ mit dem Zusatz $c = c' = c_0$ in sich selbst überzuführen suchte. Dieser ganze Gedanke war aber trügerisches und mangelhaftes Fundament. Die Grundgleichungen eines veränderlichen physikalischen Feldes in einem für eine physikalische Größe charakteristischen Mittel bedeuten **ausschließlich** die mathematische Fassung der zugehörigen **physikalischen** Gesetze für **alle möglichen** Vorgänge in diesem Mittel; diese Vorgänge selbst, die Wellen, liegen außerhalb ihrer Kompetenz. Die Grundgleichungen genügen also nicht. Sie lassen die jeweils existierenden Wellenindividuen völlig unbestimmt. In allen Wellenaufgaben müssen die Ausgangsgleichungen solche für jede der möglichen Wellen einer Gattung, z. B. für die beiden der Elastik, sein, d. h. es muß für jedes Wellenindividuum zu mathematischem Ausdruck gebracht sein, 1. daß es dimensionslose Größen, Phasen, gibt, herrührend von einer Quelle, 2. daß diese Phasen je nach der Erzeugungsweise in der Quelle zeitlich aufeinanderfolgen, 3. daß diese quellenverbundenen individuellen Phasen mit ihrer Quellungsform geordnet in dem Mittel wandern, und zwar nach Eigengesetzen derart, daß mehrere Wellen, die sich durchkreuzen, sich nicht zu einer Welle mathematisch vereinigen lassen. Das die Form dieser Eigengesetze bestimmende Prinzip, dessen Existenz sowohl anschaulich als auch streng mathematisch bewiesen werden kann und das außerphysikalischen Wesens ist und bisher unbekannt war, habe ich das Interferenzprinzip genannt [10, 17, 33, 34, 37]. Angewandt auf alle Bedingungen, die ein vorgelegtes physikalisches Feld zu erfüllen hat, liefert es zwangläufig die Gleichungssysteme aller möglichen Wellen, z. B. in der Elastik zwei und nur zwei Arten, der vorgelegten physikalischen Feldtheorie. Sie sind im allgemeinen verschieden, je nachdem die Wellenquelle zum Mittel ruht oder sich bewegt. Erst mit diesen ist jeder mögliche, gestört-veränderliche, physikalische Vorgang mathematisch darstellbar.

Versucht man nun die Transpositionsformeln zu finden, welche einen solchen in sich selbst überführen, so scheitert man. Es gibt keine Raumzeitformeln, die eine Welle genau in sich selbst überführen. Die Erscheinungen des Fresnel-Effektes, des Bradley-Effektes und des Doppler-Effektes, die keine Sinnestäuschungen sein können, lassen es nicht zu. Es gibt keine allgemeine und strikte Wellenrelativität, weil es drei bevorzugte Bezugsysteme gibt: das in der Quelle feste, das in dem Mittel feste und insbesondere das in der Scheinquelle feste. Eine Relativität rein physikalischer Feldgesetze wäre an sich möglich; sie verträgt aber kein Wellendiktat wie etwa $c' = c = c_0$.

Nur eines ist möglich: die Überführung des Phasengefälles, der Wellennormale $\mathfrak{w} = -\operatorname{grad} \varphi$, in sich selbst. Dies liefert die Transpositionskinematik nach Galilei. Das aber ist nun mehr als nur interessant. Die Invarianz der Interferenzstreifen, der Beugungsfransen und der Resonanz gegenüber einem Standwechsel fordern, indem wir von der Erfahrung ausgehen, die Invarianz der

Wellennormale; siehe Ziffer 15. Somit offenbart sich die Galilei-Welt als die physikalische Welt.

Auf eben diese Welt führt aber auch das, das Raumzeitproblem bewegter Beobachter nicht kennende, in A § 3 geschilderte Rechenverfahren, das die Bewegung einer Wellenfront in bewegtem Mittel darstellt, ohne irgendeine Transposition vornehmen zu müssen; siehe A § 8 Satz L sowie Gegenbeweis 16.

So führt denn unsere Tiefbohrung zwar zur Zerstörung aller angeblich exakten Wellenlösungen und damit der Fundamente aller auf solchen aufgebauten Theorien, insbesondere der auf der unverstandenen Welleninduktion errichteten Elektrodynamik, sowie der auf der unverstandenen Wellenausbreitung errichteten Relativistik und Wellenmechanik, fördert aber anderseits auch einen wertvollen Satz zutage, nämlich die Erkenntnis: Von nun ab ist der Begriff des dreidimensionalen Raumes und der davon unabhängigen universalen Zeit nicht mehr auf die Physik, insbesondere die Ätherphysik begründbar, sondern die physikalische Welt nicht anders als mit den Anschauungsformen des Raumes und der Zeit erfaßbar, wozu noch die der Substantialität, die der wandernden Phase und die der Kausalität zu zählen sind. Welle ist eine höhere Anschauungsform mit diesen Kategorien als Elementen. Daher ist die Wellenkinematik, wenn auch aus der Anschauung geboren, eine außerphysikalische Wissenschaft. Physikalische Theorien kommen und gehen. Die Wellenkinematik aber wird zwar nicht ewig bestehen, so doch bis zur nächsten tellurischen Katastrophe.

Und nun, zum Abschluß einer bewegten Episode im Werdegang der Theoretischen Physik, knüpfen wir an das Hauptstück B an, das eigentlich das vorliegende Hauptstück C überflüssig gemacht hat, und weisen darauf hin, daß die Idee von Herrn Einstein lediglich aus einem Irrtum heraus das Licht der Welt erblickt hat. Es wird mit Zuversicht darauf hingewiesen, daß der Michelson-Versuch keine andere Lösung als die der Theorie von Einstein zulasse, in welcher die geforderte Lorentz-Kontraktion eine systematische Deutung erfahren habe. Allein, wir konnten in B beweisen, daß dieser Versuch an Hand einer falschen Rechenweise, die letzten Endes nur aus Unkenntnis über das Wesen der Welle erdacht und anerkannt werden konnte, ausgedeutet worden ist, und daß die wahre Theorie dieses Versuches keine Verkürzung der Körper parallel ihrer Bewegung fordert. Der Versuch bei ruhender Lichtquelle beweist in Wahrheit eine kugelförmige Ausdehnungsgeschwindigkeit im reinen Äther. Der Michelson-Versuch ist also nur aus einem

Irrtum heraus zum Keim und zur Grundlage der Raumzeitlehre von Einstein geworden. Dieser Irrtum war die Folge der erwähnten Unkenntnis vom Wesen einer höheren Anschauungsform, der Welle. Hätte man nämlich damals gewußt, daß es eine aus der Anschauung geborene, apriorische Disziplin gibt, welche ich Wellenkinematik nenne, mit der man die Theorie des Michelson-Versuches aufzubauen habe, dann wäre niemand auf den absonderlichen Gedanken verfallen, Raum und Zeit mit Hilfe der Lichtgeschwindigkeit zu verkoppeln und zu verzerren, und zwar so, daß der Fehler der falschen Rechenweise in der Deutung des Michelson-Versuches praktisch kompensiert werde. Dabei spielte ein merkwürdiger Umstand eine hervorragende, aber versteckte Rolle, nämlich daß zufällig der Fresnel-Faktor des reinen Äthers den Wert Null hat.

In der alten, nun neu bestätigten Raum- und Zeitauffassung sind Raum und Zeit auch in bewegten Systemen getrennte Denkformen, spielt die Lichtgeschwindigkeit keine Rolle. Aufgehoben ist die Systemzeit. Aufgehoben der mathematische Gedanke eines physikalischen Feldes mit seiner Energie, seiner Bewegungsgröße und seinen Spannungen im Nichts. Aufgehoben die unvorstellbare Welle ohne Mittel. Aufgehoben ist die Grenzgeschwindigkeit c_0 und das unvorstellbare Additionstheorem der Geschwindigkeiten. Aufgehoben die unnatürliche Verkoppelung der Erdabplattung mit der Himmelsdrehung. Aufgehoben die Herleitung der Äquivalenz von Masse und Energie. Aufgehoben die vierdimensionale Weltgeometrie. Aufgehoben schließlich die Elektrodynamik von Minkowski. Und der verleugnete, unverleugbare Äther ist nun wieder für alle denkenden Wesen da als ein Mittel neben oder in anderen. Ein mathematisches Gespinst aus unzerreißbaren Fäden, das Mathematiker bezaubern konnte, ist nun aus der Physik für immer verbannt. Zu ihrem Heile.

Mit der Neuen Lehre von Herrn Einstein war in die Physik auch ein neues psychologisches Moment eingezogen, auf das ich, weil es ebenfalls mit der Wellenkinematik zusammenhängt, kurz eingehen muß.

Bewegt man sich in der Gedankenwelt der kanonischen Feldphysik, und läßt man auf sich die lückenlos und streng mathematische Herleitung der Transpositionsformeln von Einstein unter dem Diktat $c = c' = c_0$ unter allen Umständen einwirken, so versteht man, weshalb die Einsteinianer, in der Meinung: Uns kann keiner, gelassen allen Anbohrungsversuchen physikalischen Denkens entgegensehen. Mathematica locuta, res finita. In der Tat ist die Relativitätslehre von 1905 ein Stein, besser noch, ein imposanter Hochbau in Stahlbeton. Unangreifbar. Er gilt als fester Bestandteil der klassischen Physik und wird in Vorlesungen und Prüfungen überliefert. Daß er auf moorigem Boden steht, kann von Mathematikern nicht erfaßt werden. Sein Anblick erhält das Denken der Einsteinianer, sofern es auf die Physik gerichtet ist, in einem Krampf. Ausgerüstet mit unendlich großen, mathematischen Beweiskräften vergewaltigt dieser Oger seine Eingefangenen: die Relativitätstheorie absolut und die physikalische Beweiskraft jeder einzelnen Anschauung der Null gleichzusetzen, so daß ihnen nichts übrig bleibt als alle Widersprüche zwischen der Anschauung und ihrem mathematischen Herrn zu leugnen oder mit dem Stempel: Sinnestäuschungen abzutun. Und was an der Neuen Lehre dem physikalischen Denken dunkel, unverständlich oder unnatürlich vorkommt, zwingt diese Lehre ihre Hörigen zurechtzurenken oder in die Köpfe der anderen zu verlegen mit dem Troste, daß auch sie und ihre Nachfahren durch Übung und Vererbung mit der Zeit an keinerlei Denkbeschwerden mehr leiden werden; wäre es doch zur Zeit von Kopernikus nicht viel anders gewesen. Reif werden unter der strahlenden Sonne der Angewöhnung sei alles.

So wird bestimmt, daß zwei gegeneinander bewegte Beobachter sich beide dauernd im Mittelpunkt ein und derselben Kugelwelle zu sehen haben, die im Augenblick eines früheren Zusammentreffens erzeugt worden war. So soll zwischen Frontgeschwindigkeit und Phasengeschwindigkeit im Innern einer Welle Unüberbrückbarkeit ihrer Werte herrschen. So soll die Lichtgeschwindigkeit eine obere Grenzgeschwindigkeit in jeder Ausbreitung sein. So sollen zwei Unterlichtgeschwindigkeiten addiert immer wieder eine Unterlichtgeschwindigkeit ergeben und die Addition der Lichtgeschwindigkeit zu einer Unterlichtgeschwindigkeit die Lichtgeschwindigkeit zur Resultante haben. So wird dekretiert, daß wir der Systemgeschwindigkeit und der Objektgeschwindigkeit einen Wesensunterschied beizulegen haben. So haben wir den Äther zu verleugnen, nur deshalb, weil er nicht in die Grundidee der Relativistik paßt. Nun gibt es aber elektromagnetische Wirkungen im leeren Raume. Hat man triftige Gründe, Fernwirkungen abzulehnen — und die hat man, leider —, so bleibt logischerweise nichts übrig, als elektromagnetische Wellen sich selbst, im eigenen Felde, im Nichts, übertragen zu lassen. Leere Worte, aber Logik. Man muß also notgedrungen das weitere Diktat erlassen: es gibt keine Wellenträger. So darf das sich seiner stählernen Kraft bewußte mathematische Denken vor keiner Folgerung in der Physik zurückschrecken. Mathematik hat den Vorrang vor Ausdeutung physiologischer Reize. Grundgesetze unseres vorstellenden Denkens wie Substantialität und Kausalität werden als bloß praktische Angewöhnungen erklärt.

Aber auch mancher Sachinhalt der Physik wird vergewaltigt. Gewisse natürliche Zusammenhänge werden zerrissen, andere künstlich konstruiert, wie die sicherlich reale Geschwindigkeitsabhängigkeit der Masse, die Erdabplattung, die Lichtablenkung, die Rotverschiebung, alles zugunsten einer nicht durchgedachten und durchgeprüften Idee.

Der Scheinerfolg der Neuen Lehre machte Schule. An der Fülle der neuen Forschungsergebnisse auf dem Gebiete der Atomphysik fand das mathematische Denken mit seiner Befähigung Denkformen als Hindernisse einfach aufzulösen, neue Nahrung. Wir erleben an Stelle von langsam fortschreitenden Aufbauten bedächtigen physikalischen Denkens mit sicheren Denknormen auf gewachsenem Boden der Anschauung eine Fata morgana mathematischen Denkens auf gerade vorhandenen, duftigen Wolkenbänken. Man löst ohne Zaudern den Substanzbegriff auf, indem man Elektronen und Protonen als Ansammlungen von Wellen erklärt, also auch ruhende. Man setzt also frank und frei Gegenständiges einem Zuständigen gleich! Als ob es noch eines Beweises der Ahnungslosigkeit hinsichtlich des Wellenbegriffes und der modernen Erfolgsüchtigkeit bedürfte. Natürlich kann man dann weiter dem Begriffe der „Verschmierung" von Ladungen und Massen nicht ausweichen, mit allen seinen Folgen, weil ja eine Intensitätskumulierung von Wellen nicht von Dauer sein kann. Auch der vermutlich letzte Schritt symbolischen Denkens ist schon getan, eingegeben durch das Rätsel der Quanten: Der Kausalitätsbegriff ist aufzulösen! Freie Bahn dem zerfließenden und relativistischen Denken. Das formale Denken scheint so über das gegenständige triumphieren zu können. Aber mathematische Symbole und physikalische Wirklichkeit sind nun einmal grundverschieden, und die Denkformen der Wirklichkeit sind so unerbittlich und hart, daß aller symbolischer Kalkül daran zuschanden wird, wenn er sich nicht mit ihnen verträgt. Handelt es sich eingestandenermaßen vorerst nur um gedankliche Versuche und um Zurechtlegungen von Formeln, so ist doch schon die Neigung bezeichnend, und das Umsichgreifen des neuen psychologischen Momentes, das Irrwege öffnet, zu verurteilen. Mathematik wird dabei mißbraucht, Wesenszüge aller physikalischen Wirklichkeit auszumerzen, was ihr ja so leicht fällt.

Die Selbstreinigung der Physik hat in der Stille bereits eingesetzt. An der aus der Anschauung geborenen und hinterher mathematisch streng begründeten, alle mögliche Feldphysik umfassenden Wellenkinematik ist die Neue Lehre Einsteins zerschellt. Nicht lebensfähig ist die Wellenmechanik aus demselben Grunde. Und das Rätsel der Quanten wird nicht nach den derzeitigen Zurechtlegungen und Formeln seine endgültige Lösung finden. Handelt es sich doch um Wellenprobleme im Atom, um ungeheuer verwickelte Wechselwirkungen in sehr stark ausgeprägten Wellenformen mit zeitlich veränderlichen Wellenflächen, um Wellenformen, die wir heute nicht einmal in den einfachsten Zügen kennen, wie ich an der wahren Kugelwelle nachweisen konnte [34]. Eine punktförmige, schwingende Quelle kann von hohen Energiegebirgen umhüllt sein. Die Existenz von optischen und elektronischen Beugungsfransen ist ein sichtbarer, wenn auch indirekter Beweis dafür; denn hier wie dort handelt es sich um Wellenerscheinungen von ruhenden bzw. bewegten Quellen, die von wesensgleichen partiellen Differentialgleichungen für die Wellennormale beherrscht werden und um Gebiete, wo ihre Divergenz ganz erhebliche Werte annimmt [36, 37]. Wir müssen diese Wellenformen im einzelnen kennenlernen. Wegen der verschiedenen Frequenzen und Dämpfungen der angeregten und bewegten Quellen genügt nicht der Überlagerungseffekt hin und her laufender Wellen, der unter besonderen Umständen von einer Wellenzustandsgleichung angenähert erfaßt werden kann. Die Dinge liegen im Atom, einem Haufen schwingender und rasch bewegter, immer wieder von neuem angeregter Quellen, welche kugelige Wellen mit Doppler-Fresnel- und Bradley-Effekt entsenden, doch ganz anders wie bei den elastischen Schwingungen von Stäben und Platten im Beharrungszustande, wo man vielfach mit einer den wahren Vorgang übergehenden Integration der Wellenzustandsgleichung auskommt. Der Aufbau der wahren Atomtheorie verlangt also zunächst den Ausbau der wahren Wellentheorie. Mit ihr nun werden sich die darstellenden Denkformen des menschlichen Geistes wieder allgemein durchsetzen und ihren Primat in der Physik behaupten. Mathematik wird hier wieder ein Werkzeug. Ein wie mächtiges, das zeigen gerade die vorliegenden Untersuchungen und Kritiken.

Wiesbaden, im Herbst 1932.

Literatur

1. Beiträge zur Theorie der elektromagnetischen Strahlung (Dissertation Rostock 1903).
2. Zurückwerfung und Brechung elektromagnetischer Wellen (Verhdl. d. D. Phys. Ges. **16,** 875. 1914).
3. Brechung und Zurückwerfung an natürlich-drehenden, isotropen Körpern (ebenda **16,** 926. 1914).
4. Brechung und Zurückwerfung an magnetisch-aktiven, isotropen Körpern (ebenda **16,** 997. 1914).
5. Brechung und Zurückwerfung an kristallinischen Körpern (ebenda **17,** 20. 1915).
6. Die Spannungen im elektromagnetischen Felde (Phys. Ztschr. **16,** 376. 1915).
7. Die elektrische Energiedichte und der Wellenzustand im elektrisch erregungslosen Körper (ebenda **16,** 409. 1915).
8. Das Reflexionsvermögen eines isotropen Körpers in Abhängigkeit von den Wellenkonstanten (ebenda **17,** 9. 1916).
9. Die elektromagnetischen Wellenkonstanten eines isotropen Körpers, erschlossen aus Polarisationsmessungen auf Grund der historischen Reflexionsformeln (ebenda **17,** 35. 1916).
10. Das Interferenzprinzip (Phys. Ztschr. **18,** 101. 1917).
11. Elastische Oberflächenplanwellen (Ann. d. Physik **56,** 463. 1918).
12. Die elektromagnetische Zweimittelwelle (Jahrb. f. drahtlos. Tel. **15,** 123. 1919).
13. Einige Sätze aus der Theorie der gebundenen elektromagnetischen Wellen (Ztschr. f. Physik **3,** 361. 1920).
14. Über die Verzerrungswelleninduktion (Verhdl. d. D. Phys. Ges. 8, 1922).
15. Auf eine Kritik des Herrn W. Pauli jr. (Gießen 1923, 9 Seiten).
16. Die gebundenen elektromagnetischen Wellen bei Bewegung der Wellenträger nach der Theorie von Minkowski (Gießen 1923, 8 Seiten).
17. Bericht über die Entdeckung des Interferenzprinzipes (Grüne Broschüre, Gießen 1924, 42 Seiten).
18. Relativistik und Wellenkinematik (Ber. d. Oberhess. Ges. f. Nat. u. Heilkunde Gießen, Neue Folge Naturw. Abt. 1925, **10**).
19. Front- und Rückengeschwindigkeit von freien Temperatur- und Diffusionswellen (ebenda **10,** 1925).
20. Front- und Rückengeschwindigkeit einer freien elektromagnetischen Welle in ruhender Materie nach der Elektronentheorie (ebenda **11,** 1926).
21. Die Signalgeschwindigkeit einer freien elektromagnetischen Welle in einem bewegten Mittel nach der Theorie von Minkowski (ebenda **12,** 1927).
22. Die Signalgeschwindigkeit einer freien elektromagnetischen Welle in einem bewegten Mittel nach den Elektrodynamiken von Cohn, Lorentz und Abraham (ebenda **12,** 1928).

23. Die Front- und Rückengeschwindigkeit von Verzerrungswellen in festen, schweren Körpern I (Gerlands Beitr. z. Geophysik **15**, 219. 1926).

24. Induktion von Wellen (Vortrag, Naturf. Vers. Düsseldorf 1926).

25. Die geführten Schwerewellen an der Grenze zweier fließender Mittel (Ztschr. f. angew. Math. u. Mech. **7**, 129. 1927).

26. Die mehrfach geführten Wellen in mehreren fließenden Mitteln (ebenda **8**, 283. 1928).

27. und 28. Die einfachgeführte Kapillar- und Schwerewelle I, II (ebenda **9**, 305. 1929; **10**, 284. 1930).

29. Analyse der Planwelle von elementarer Schwankungsform sowie ihre Verwendung zur angenäherten Wiedergabe einer allgemeineren Wellenform (Gerlands Beitr. z. Geophysik **20**, 123. 1928).

30. Die geführten elastischen Zweimittelplanwellen in ruhenden, festen, isotropen und schwerelosen Mitteln (ebenda **20**, 410. 1928).

31. bis 38. Die Entwicklung des Wellenbegriffes, I—VIII (Gerlands Beiträge z. Geophysik: **18**, 412. 1927; **24**, 309. 1929; **26**, 199. 1930; **27**, 71. 1930; **29**, 252. 1931; **31**, 40. 1931; **41**, 225. 1934; **43**, 289. 1934).

39. Zur Theorie der Wärmeleitung und der Diffusion (Vortrag, Naturf. Vers. Bad Elster 1931; Phys. Ztschr. **32**, 892. 1931).

40. A. Sommerfeld, Fortpflanzung des Lichtes in dispergierenden Mitteln; Zusammenfassender Bericht (Ann. d. Phys. **44**, 177. 1914).

41. R. Tomaschek, Über das Verhalten des Lichtes außerirdischer Lichtquellen (Ann. d. Phys. **73**, 105. 1924).

42. J. Stark, Die Wellenfläche der Lichtemission der Kanalstrahlen (Ann. d. Phys. **77**, 16. 1925).

43. G. Joos, Wiederholungen des Michelson-Versuches (Naturwissenschaften 1931, 784).

44. Kennedy & Thorndike, Experimental establishment of the relativity of time (Phys. Berichte 1933, 1073).

45. M. v. Laue, Die Relativitätstheorie, 1. Bd., III § 6 (Vieweg u. Sohn, Braunschweig, 3. Auflage 1919).